高职高专国家示范性院校机电类专业课改教材

PTC Creo 3.0
零件建模实例教程

郭晓霞　编著

U0379014

西安电子科技大学出版社

内 容 简 介

  本书主要内容包括草图绘制、基础特征、工程特征、装配、曲面造型设计和工程图等，具有较强的实用性。通过书中设置的大量实例及课后练习，读者能够很快掌握零件建模的方法，并运用到产品设计中。

  本书实例丰富、可操作性强，既可以作为高等院校机械设计、模具等相关专业的教材，又可以作为 Creo 初、中级用户的培训教材。

图书在版编目（CIP）数据

PTC Creo 3.0 零件建模实例教程 / 郭晓霞编著. — 西安：西安电子科技大学出版社，2017.8(2024.7 重印)
ISBN 978-7-5606-4583-4

Ⅰ. ① P… Ⅱ. ① 郭… Ⅲ. ①机械元件—计算机辅助设计—应用软件—教材
Ⅳ. ①TH13-39

中国版本图书馆 CIP 数据核字（2017）第 204833 号

策　　划　杨丕勇
责任编辑　买永莲　杨丕勇
出版发行　西安电子科技大学出版社（西安市太白南路 2 号）
电　　话　（029）88202421　88201467　邮　编　710071
网　　址　www.xduph.com　　电子邮箱　xdupfxb001@163.com
经　　销　新华书店
印刷单位　西安日报社印务中心
版　　次　2017 年 8 月第 1 版　2024 年 7 月第 2 次印刷
开　　本　787 毫米×1092 毫米　1/16　印　张　18.5
字　　数　437 千字
定　　价　39.00 元
ISBN 978-7-5606-4583-4
XDUP　4875001-2
***** 如有印装问题可调换 *****

前　言

Creo 是美国 PTC 公司推出的 CAD 设计软件包。Creo 有非常强大的造型功能，是结构设计和造型设计的主流软件。本书侧重对 Creo 软件的实体造型、装配和工程图的介绍，这三部分是机械零件及产品设计的主要内容。

本书特色：

（1）实例丰富，便于实现教、学、做三合一。

（2）实例配有二维平面图、三维模型图以及建模分析表，不仅可以提高学习者的平面识图能力，同时优秀者可以自主参照图纸进行设计，以大大提高自学能力，从而满足不同层次的需要。

（3）每章都配有一定量的习题，便于学习者课后巩固和提高，从而提高教学效果。

（4）实例由浅入深，既有单个零件的设计，也有综合设计实例，非常适合初、中级学习者使用。

（5）注重提高学习者在建模过程中解决问题的能力。

本书内容：

本书共 8 章，主要内容如下：

第 1 章介绍了 Creo 软件的界面、文件操作及产品设计的步骤。

第 2 章介绍了二维剖面的绘制。该章是实体造型的基础。

第 3 章介绍了拉伸、旋转、混合、扫描、扫描混合、螺旋扫描等基础特征的应用。

第 4 章介绍了常用的孔、筋、壳、拔模、倒圆角、倒角等工程特征。

第 5 章以手提电话为例，综合应用第 3、4 章所介绍的基础特征和工程特征。

第 6 章以手提电话的装配为例介绍了各种装配约束的应用。

第 7 章介绍了简单曲面的创建及编辑。

第 8 章详细介绍了工程图中各类视图的创建和尺寸的标注。

本书由深圳职业技术学院的郭晓霞编著。

本书的编写得到了深圳职业技术学院的郭刚、程律莎、徐炜波、李迎和周旭光等人的大力帮助，在此表示衷心的感谢。

本书是编者多年教学经验的总结，但限于编者能力，书中难免会存在一些疏漏与不足之处，欢迎广大读者予以指正。

编著者

2017 年 3 月

目　录

第 1 章   Creo Parametric 简介

通过本章学习，读者将对 Creo 3.0 的界面、文件操作和设计步骤有初步的认识。

1.1   用户界面简介

Creo 主窗口主要包括导航区、图形工具栏、功能区、快速访问工具栏、状态栏和图形窗口等，如图 1-1 所示。

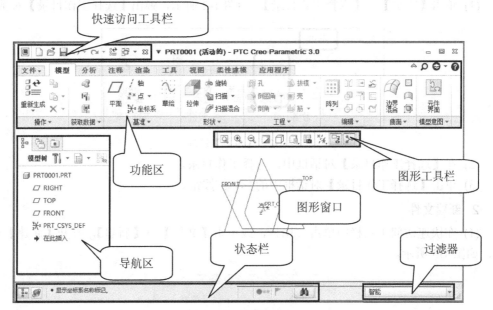

图 1-1   用户界面

1. 导航区

导航区包括"模型树"、"层树"、"文件夹浏览器"和"收藏夹"等内容。

2. 图形工具栏

图形工具栏嵌于图形窗口的顶部。

3. 快速访问工具栏

快速访问工具栏提供了常用按钮，以便于快速执行操作，包括打开和保存文件、撤消、重做、重新生成、关闭窗口、切换窗口等按钮。

4. 功能区

功能区位于 Creo 窗口顶部，其中包括各种工具按钮。

5. 状态栏

状态栏显示与窗口中的工作相关的单行信息。使用状态栏的标准滚动条可查看过去的消息。

1.2　常用文件操作

本节介绍常用的文件操作。

1. 建立工作目录

系统将程序启动目录自动设置为缺省工作目录。缺省情况下，自动创建的文件和未指定任何其他位置就进行保存的文件会保存在此工作目录中。因此用户在建立文件前，应先设置工作目录。其具体步骤为：

(1) 单击【主页】→【选择工作目录】，如图 1-2 所示，弹出【选择工作目录】对话框。

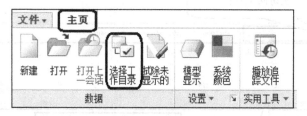

图 1-2　【主页】选项

(2) 在【选择工作目录】对话框中，选择工作目录。

(3) 单击【选择工作目录】对话框中的 **确定** 按钮。

2. 新建文件

(1) 在快速访问工具栏中单击 图标，或单击【文件】→【新建】，打开【新建】对话框，如图 1-3 所示。

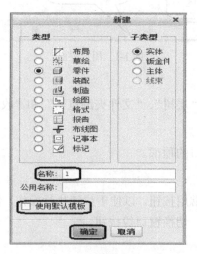

图 1-3　【新建】对话框

(2) 选取要创建的文件类型。下面简单介绍要用到的几种文件类型：

- 草绘：绘制二维剖面，文件扩展名为 ".sec"。
- 零件：创建三维零件模型，文件扩展名为 ".prt"。
- 装配：创建三维零件装配模型，文件扩展名为 ".asm"。
- 绘图：创建二维工程图，文件扩展名为 ".drw"。
- 格式：创建工程图格式，文件扩展名为 ".frm"。

(3) 在【名称】文本框中，键入文件名或使用缺省名。

(4) 取消对【使用默认模板】复选框的选择。

(5) 单击【新建】对话框中的 确定 按钮，打开【新文件选项】对话框。

(6) 在【模板】下，选择 "mmns-part-solid"，如图 1-4 所示。

(7) 单击【新文件选项】对话框中的 确定 按钮。

(8) 新文件打开，且缺省的基准平面显示在主窗口中，系统会为所选的文件类型配置菜单和选项。

图 1-4　【新文件选项】对话框

3. 保存文件

注意：

(1) 在磁盘上保存对象时，创建一个文件，其文件名格式为 object_name.object_type.version_number(文件名.文件类型.版本号)。例如，如果创建一个名为 bracket 的零件，则初次保存时文件名为 bracket.prt.1，再次保存该零件时，文件名会变为 bracket.prt.2。

(2) 如果事先设置了工作目录，则用户保存文件时不需设置目录，只要直接单击 确定 按钮，文件就保存在工作目录下。

(3) 如果先前已保存过文件，则【保存对象】对话框中没有更改目录的可用选项。

(1) 单击【文件】→【保存】，或在快速访问工具栏中单击 ⊟ 按钮。

(2) 如果文件是第一次保存，那么在【保存对象】对话框中可以设置文件的保存目录，然后单击 确定 按钮，完成保存。

4. 保存文件副本

(1) 单击【文件】→【另存为】→【保存副本】，弹出【保存副本】对话框，如图 1-5 所示。

图 1-5 　【保存副本】对话框

(2) 接受默认目录或浏览至新目录。

(3) 在【文件名】文本框中，输入新的文件名。

(4) 单击【类型】文本框右侧的下拉箭头 ▼，选择文件副本的类型。

(5) 单击【保存副本】对话框中的 确定 按钮，保存副本。

5. 备份文件

(1) 单击【文件】→【另存为】→【保存备份】，弹出【备份】对话框，如图 1-6 所示。

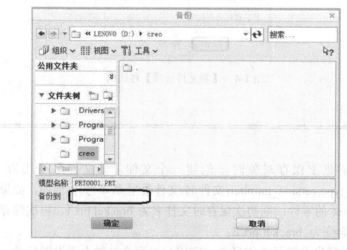

图 1-6 　【备份】对话框

(2) 在【备份到】编辑框中，设置备份目录。

(3) 单击【备份】对话框中的 确定 按钮，关闭对话框。

注意： 文件的备份是用同一文件名将文件保存到不同的磁盘或目录中。

6. 文件重命名

(1) 单击【文件】→【管理文件】→【重命名】，弹出【重命名】对话框，如图1-7所示。

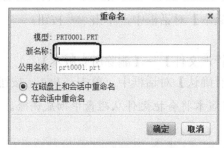

图1-7 【重命名】对话框

(2) 在【重命名】对话框的【新名称】编辑框中，输入新的文件名称。

(3) 单击【重命名】对话框中的 **确定** 按钮，关闭对话框。

注意： 文件重命名后，原来的文件名被新的文件名取代。

7. 从内存中删除对象

(1) 删除当前对象。

① 单击【文件】→【管理会话】→【拭除当前】。

② 弹出【拭除确认】对话框，单击 **是** 按钮。

> **删除当前对象与关闭窗口的不同：**
>
> 　　删除当前对象会把窗口中处于活动状态的文件从内存中删除。文件窗口
> 关闭后，文件依然会保留在内存中，直至软件关闭。

(2) 删除不显示的对象。

① 单击【文件】→【管理会话】→【拭除未显示的】。

② 在弹出的【拭除未显示的】对话框中，单击 **确定** 按钮，如图1-8所示。

图1-8 【拭除未显示的】对话框

注意： 拭除未显示的对象会移除不在窗口中但在内存中的所有对象。

8. 从磁盘中删除文件

(1) 删除文件旧版本。

① 单击【文件】→【管理文件】→【删除旧版本】。

注意：删除旧版本是指删除对象最新版本(具有最高版本号的版本)外的所有版本。

② 在弹出的【删除旧版本】对话框中，单击 是 按钮。

(2) 删除所有版本。

① 单击【文件】→【管理文件】→【删除所有版本】。

② 在弹出的【删除所有确认】对话框中，单击 是(Y) 按钮。

注意：删除文件的所有版本将会把文件从磁盘中彻底删除。

1.3　模型的操控

模型的操控既可以利用鼠标，也可以通过工具按钮来实现。

1. 利用鼠标操控模型

在建模过程中，经常要用鼠标对模型进行旋转、平移和缩放等操作，具体的操作方法如下：

(1) 旋转：按住鼠标中键。

(2) 平移：同时按住鼠标中键和"Shift"键。

(3) 缩放：旋转鼠标滚轮。

2. 常用的图形工具按钮

常用的图形工具按钮如图 1-9 所示。

图 1-9　常用的图形工具按钮

(重新调整)：调整缩放等级，以全屏显示对象。

(放大)：放大目标，以查看更多细节。

(缩小)：将模型缩小显示。

(重画)：清除所有临时显示信息，该功能可以刷新屏幕，但不再生模型。

(显示样式)：具体的显示样式如图 1-10 所示。

(视图方向)：视图方向如图 1-11 所示。

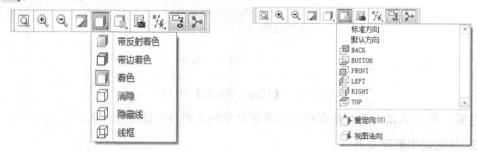

图 1-10　显示样式　　　　　　　　　　图 1-11　视图方向

1.4　Creo 设计的基本步骤

用户在利用 Creo 设计时，通常要经过三个基本的步骤：① 零件创建；② 装配创建；③ 工程图创建。上述每个设计步骤都是独立的，拥有各自的特性、文件扩展名，但三者之间又是相互关联的，零件、装配和绘图之间的尺寸、公差和关系式都会双向地在模式间传递，这意味着在任何一个步骤中改变了设计，所做更改都将自动在其他步骤中反映出来。

1. 零件模式

在"零件"模式下，用户可创建零件文件(.prt)。在"零件"模式下创建和编辑的特征包括拉伸、切口、混合和倒圆角。在零件模式下设计的零件模型如图 1-12 所示。

图 1-12　零件模型

2. 装配模式

创建零件后，可为模型创建一个空的装配文件，然后在该文件中组装各个零件，并为零件分配其在成品中的位置。另外还可定义分解视图，以更好地检查或显示零件关系。装配的分解视图如图 1-13 所示。

图 1-13　装配的分解视图

3. 绘图模式

"绘图"模式用于直接根据 3D 零件和组件文件中所记录的尺寸，为设计创建零件的工程图。在 Creo 中，用户可以有选择地显示和隐藏来自 3D 模型的尺寸。为 3D 模型创建的任何信息对象，如尺寸、注释、曲面注释、几何公差、横截面等都会传送到绘图模式中。绘图示例如图 1-14 所示。

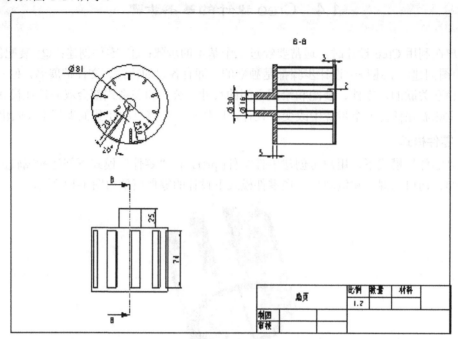

图 1-14　绘图示例

第2章 草图绘制及实例

本章主要介绍 PTC Creo 草图的绘制。

零件由一些特征构成，如拉伸、旋转和混合等，这些特征大多数是先定义二维的截面，然后为其指定第三维的值，从而产生三维特征。用来创建二维截面的工具称为"草绘器"。顾名思义，利用"草绘器"可以先粗略地绘制出具有线、角度或圆弧等的截面，再输入精确的尺寸值。因此，草绘是零件建模的基础。

2.1 草图环境概述

1. 草绘的工具按钮

图 2-1 是进行草绘的工具按钮。

图 2-1 草绘的工具按钮

2. 草绘窗口中鼠标的使用

在"草绘器"中，可以通过下列不同方式使用鼠标：

(1) 单击鼠标左键：在屏幕上选择图元、尺寸或约束。

(2) 单击鼠标中键：中止当前操作。

(3) 单击鼠标右键：弹出快捷菜单。

(4) 按"Ctrl"键+鼠标左键：可以选择多个项目。

3. 定义"草绘器"环境

(1) 单击【文件】→【选项】→【草绘器】选项，其中常用的一些选项设置如图 2-2 所示。

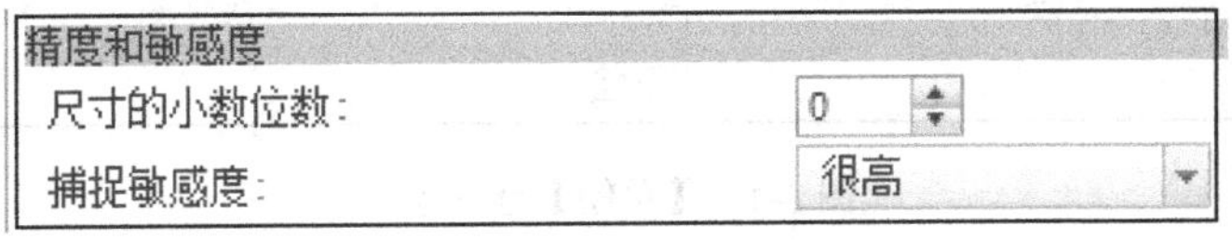

精度和敏感度		
尺寸的小数位数：	0	
捕捉敏感度：	很高	

(a) 尺寸小数位数设置

图 2-2 "草绘器"的常用选项设置(1)

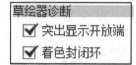

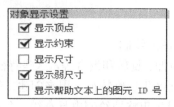

(b) 草绘平面与屏幕关系设置　　　　　(c) 草绘器诊断设置

(d) 对象显示设置

图 2-2　"草绘器"的常用选项设置(2)

(2) 单击【文件】→【选项】→【系统颜色】→【草绘器】选项，可设置几何、约束、尺寸等的颜色，如图 2-3 所示。

图 2-3　"草绘器"的颜色设置

2.2　草　图　绘　制

本节主要介绍图元的绘制、图元的编辑、尺寸标注和约束的添加。

2.2.1　图元绘制

图元绘制中主要介绍直线、矩形、圆、圆弧、圆角和样条曲线的绘制。

草绘的工具按钮在【草绘】选项卡中，如图 2-4 所示。

图 2-4　【草绘】选项卡

1. 创建线链

(1) 单击【╱ 线】右侧的箭头，然后单击【╱ 线链】选项。

(2) 选择一点作为第一个端点，再依次选择第二个端点、第三个端点……最后按鼠标中键，连续线段创建完毕，如图 2-5 所示。

图 2-5　直线链

2. 创建与两圆相切的直线

(1) 单击【 〰 线】右侧的箭头，再单击【 ✕ 直线相切】。

(2) 在第一个切点处选择一个弧或圆。

(3) 在第二个切点处选择另一个弧或圆。

(4) 单击鼠标中键，结束直线创建，如图 2-6 所示。

注意："T"是相切的约束标志。

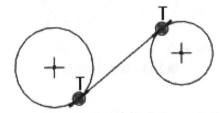

图 2-6　相切直线

3. 绘制矩形

(1) 单击【 ⬜ 矩形】右侧的箭头，则出现四种绘制矩形的方式，如图 2-7 所示。

图 2-7　矩形的选项

(2) 采用四种方式绘制的矩形如图 2-8 所示。

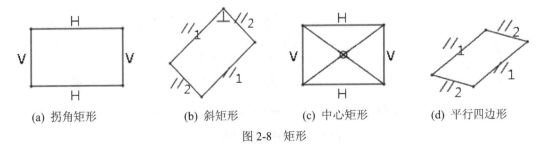

(a) 拐角矩形　　　　(b) 斜矩形　　　　(c) 中心矩形　　　　(d) 平行四边形

图 2-8　矩形

4. 绘制圆

(1) 单击【⊙圆】右侧的箭头，则出现四种绘制圆的方式，如图 2-9 所示。

图 2-9　圆的选项

(2) 采用四种方式绘制的圆如图 2-10 所示。

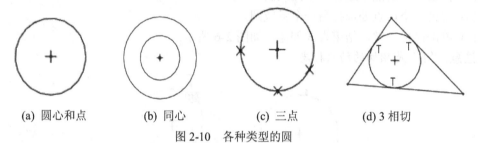

(a) 圆心和点　　　(b) 同心　　　(c) 三点　　　(d) 3 相切

图 2-10　各种类型的圆

5. 绘制圆弧

(1) 单击【⌒弧】右侧的箭头，则出现五种绘制圆弧的方式，如图 2-11 所示。

图 2-11　圆弧的选项

(2) 采用五种方式绘制的圆弧如图 2-12 所示。

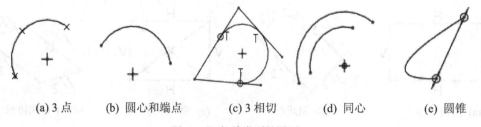

(a) 3 点　　(b) 圆心和端点　　(c) 3 相切　　(d) 同心　　(e) 圆锥

图 2-12　各种类型的圆弧

6. 绘制椭圆

(1) 单击【⬭椭圆】右侧的箭头，则出现两种绘制椭圆的方式，如图 2-13 所示。

图 2-13　椭圆的选项

(2) 采用两种方式绘制的椭圆如图 2-14 所示。

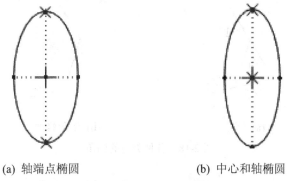

(a) 轴端点椭圆　　　　　　　　　(b) 中心和轴椭圆

图 2-14　各种类型的椭圆

7. 绘制圆角

(1) 单击【⬐圆角】右侧的箭头，则出现四种绘制圆角的方式，如图 2-15 所示。

图 2-15　圆角的选项

(2) 采用四种方式绘制的圆角如图 2-16 所示。

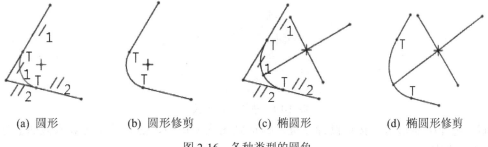

(a) 圆形　　　　　(b) 圆形修剪　　　　　(c) 椭圆形　　　　　(d) 椭圆形修剪

图 2-16　各种类型的圆角

8. 倒角

(1) 单击【⟋倒角】右侧的箭头，则出现两种绘制倒角的方式，如图 2-17 所示。

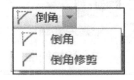

图 2-17　倒角的选项

(2) 采用两种方式绘制的倒角如图 2-18 所示。

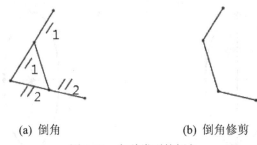

(a) 倒角　　　　　　　　　(b) 倒角修剪

图 2-18　各种类型的倒角

9. 输入文本

(1) 单击选择【A文本】，然后单击选择起始点来设置文本高度和方向。

(2) 单击一个终止点。"草绘器"在开始点和终止点之间创建了一条构造线，构造线的长度决定文本的高度，而该线的角度决定文本的方向，此时【文本】对话框打开。

(3) 在【文本】对话框中，在【文本行】编辑框中输入文本，并设置字体的其他选项。

(4) 在【文本】对话框中，单击 **确定(O)** 按钮。

10. 草绘器调色板

(1) 单击【草绘】→【⟳选项板】，弹出【草绘器调色板】，如图 2-19 所示。

图 2-19　草绘器调色板

(2) 选择所需形状，按住鼠标左键，拖动到图形窗口中，然后单击【导入截面】选项卡中的✔按钮。

11. 绘制样条曲线

样条曲线是平滑通过任意多个中间点的曲线。

(1) 单击选择【∿样条】。

(2) 在图形窗口中单击选择第一点、第二点……直到最后一个点，然后单击鼠标中键，结束绘制，如图 2-20 所示。

图 2-20　样条曲线

12. 偏移

(1) 单击选择【▱偏移】。

(2) 选中要偏移的图元，同时出现图 2-21(a)所示的箭头。

(3) 在【于箭头方向输入偏移】编辑框中输入偏移值"5"。

(4) 单击 ✓ 按钮，结束偏移，如图 2-21(b)所示。

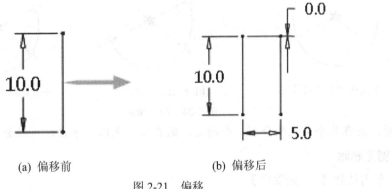

(a) 偏移前　　　　　(b) 偏移后

图 2-21　偏移

13. 加厚

(1) 单击选择【▱加厚】。

(2) 选中要加厚的图元。

(3) 在【输入厚度】编辑框中输入"5"，然后回车确认，如图 2-22 所示。

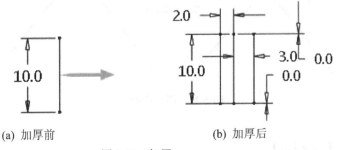

(a) 加厚前　　　　　(b) 加厚后

图 2-22　加厚

(4) 在【于箭头方向输入偏移】编辑框中输入偏移值"3"。

(5) 单击 ✓ 按钮，结束偏移。

2.2.2　图元编辑

图元编辑的命令在【编辑】选项卡中，如图 2-23 所示。

> ⮑ 修改　🖈 删除段
> 🔺 镜像　⊥ 拐角
> ⌐ 分割　🔄 旋转调整大小
> ────────────────
> 　　　　　编辑

图 2-23　【编辑】选项卡

1. 图元分割

(1) 单击选择【⌐ 分割】。

(2) 在要分割的位置单击图元，如图 2-24(b)所示。

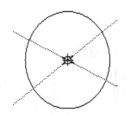
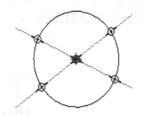
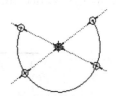

(a) 一个圆和两条中心线　　　　　(b) 在交点处断开　　　　　(c) 删除一段圆弧

图 2-24　图元编辑

注意：要在某个交点处分割一个图元，则在该交点附近单击，系统会自动捕捉交点。

2. 图元删除

(1) 单击选择【🖈 删除段】。

(2) 单击要删除的图元，如图 2-24(c)所示。

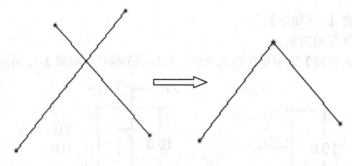

图 2-25　图元修剪

3. 图元修剪

(1) 单击选择【⊥ 拐角】。

(2) 在要保留的图元部分单击任意两个图元(它们不必相交)，如图 2-25 所示。

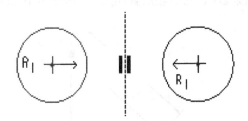

图 2-26　图元镜像

4. 图元镜像

(1) 选取要镜像的一个或多个图元。

(2) 单击选择【 ⁝⁚⁝ 镜像】。

(3) 单击一条中心线，如图 2-26 所示。

注意：必须确保草绘图元中包括一条中心线。

5. 图元旋转

(1) 选中要旋转的图元。

(2) 单击选择【 旋转调整大小】，则弹出图 2-27 所示的【旋转调整大小】选项卡。

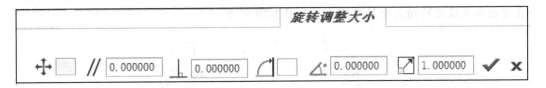

图 2-27　【旋转调整大小】选项卡

(3) 在选项卡中，输入"旋转角度"和"缩放比例"。

(4) 单击 ✔ 按钮。

2.2.3　尺寸标注及编辑

在草绘截面时，系统会自动标注几何，这些自动标注的尺寸称为"弱"尺寸，"弱"尺寸有如下的特点：

① 默认的显示颜色为灰色；

② 用户修改几何、添加/修改尺寸或添加约束时消失；

③ 不能删除。

用户也可以根据需要添加尺寸，这些用户尺寸被系统认为是"强"尺寸。添加强尺寸时，系统自动删除不必要的"弱"尺寸和约束。

退出"草绘器"时，加强想要保留在截面中的"弱"尺寸是一个很好的习惯。

1. 标注线性尺寸

(1) 在【尺寸】选项卡中，单击选择【 ↦ 法向】。

(2) 标注。

① 线段长度：单击该线段，然后在放置该尺寸的位置单击鼠标中键，如图 2-28 所示。

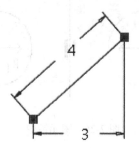

图 2-28　线段长度标注

② 两条平行线间的距离：单击两条直线，然后在放置该尺寸的位置单击鼠标中键。

③ 一点和一条直线之间的距离：单击直线，单击点，然后在放置该尺寸的位置单击鼠标中键。

④ 两点间的距离：单击两点，然后在放置该尺寸的位置单击鼠标中键。

注意：

① 因为中心线是无穷长的，所以不能标注其长度。

② 当在两个圆弧之间或圆的延伸段创建(切点)尺寸时，仅可用水平和垂直标注。系统会在距拾取点最近的切点处创建尺寸，如图 2-29 所示。

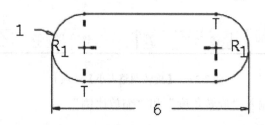

图 2-29　圆弧两端之间的距离

2. 标注圆弧或圆直径尺寸

(1) 单击选择【|↔|法向】。

(2) 双击圆弧或圆。

(3) 在放置该尺寸的位置单击鼠标中键，如图 2-30 所示。

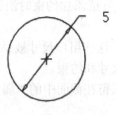

图 2-30　圆的直径尺寸

3. 标注对称尺寸

(1) 单击选择【⊢→法向】。

(2) 单击要标注的图元。

(3) 单击中心线。

(4) 再次单击图元。

(5) 在放置该尺寸的位置单击鼠标中键，如图 2-31 所示。

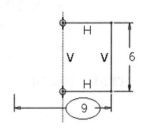

图 2-31　对称尺寸

4. 标注半径尺寸

(1) 单击选择【⊢→法向】。

(2) 在圆或圆弧上单击。

(3) 在放置该尺寸的位置单击鼠标中键，如图 2-32 所示。

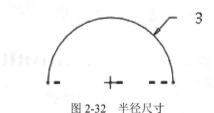

图 2-32　半径尺寸

5. 标注角度尺寸

(1) 单击选择【⊢→法向】。

(2) 单击第一条直线。

(3) 单击第二条直线。

(4) 在放置该尺寸的位置单击鼠标中键，如图 2-33 所示。

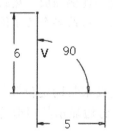

图 2-33　角度尺寸

注意： 放置尺寸的地方确定角度的测量方式(锐角或钝角)。

6. 控制当前窗口尺寸的显示

在图形工具栏中，如图 2-34 所示，单击【 显示尺寸】按钮。

图 2-34 显示尺寸

7. 修改尺寸值

(1) 选中要修改的尺寸。

(2) 在【编辑】选项卡中，单击【 修改】，则弹出图 2-35 所示的【修改尺寸】对话框。

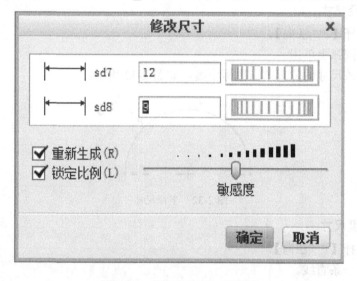

图 2-35 【修改尺寸】对话框

(3) 在"编辑框"中输入新的尺寸值，如果【重新生成】和【锁定比例】都勾选的话，则修改图中任意尺寸值，图形整体都按比例缩放，然后单击 **确定** 按钮。

注意：在窗口中双击尺寸，也可以修改单个尺寸值。

2.2.4 几何约束的创建

草绘几何时，系统使用某些假设来帮助定位几何。当光标出现在某些约束公差范围内时，系统捕捉该约束并在图元旁边显示其图形符号。以灰色出现的约束称为"弱"约束。

1. 约束的图形显示

表 2-1 列出带有相应图形符号的约束。

表 2-1　约束及符号

约　束	符　号
中点	M
相同点	⊖
水平图元	H
竖直图元	V
图元上的点	⊖
相切图元	T
垂直图元	⊥
平行线	⫽₁
水平或竖直对齐	▬▬ 或 ┃
相等半径	带有一个下标索引的 R(如 R₁)
具有相等长度的线段	带有一个下标索引的 L
对称	▶◀
图元水平或竖直对齐	▬▬ 或 ┃
共线	═
相等尺寸	带有一个下标索引的 E
使用边/偏移边	~
相等曲率	C

2. 约束工具

【约束】选项卡如图 2-36 所示。约束的应用如表 2-2 所示。

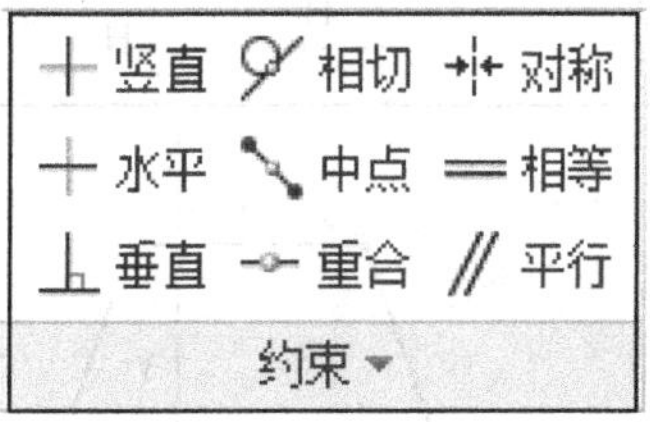

图 2-36　【约束】选项卡

表2-2　约束工具

按　钮	约　束	应　用
┼ 竖直	使直线或两顶点竖直	
┼ 水平	使直线或两顶点水平	
⊥ 垂直	使两图元正交	
⋎ 相切	使两图元相切	
＼ 中点	使点或端点位于直线或弧的中间	
⟶ 重合	创建相同点、图元上的点或共线约束	
⊣⊢ 对称	使两点或顶点关于中心线对称	

续表

按　钮	约　束	应　用
〓 相等	创建相等长度、相等半径或相等曲率	
∥ 平行	使两线平行	

3. 删除约束

(1) 选取要删除的约束。

(2) 单击鼠标右键，从弹出的快捷菜单中单击【删除】，则选定的约束被删除。

注意：按下"Delete"键，也可以删除所选取的约束。

2.2.5　草图实例 1

草图实例 1 如图 2-37 所示。

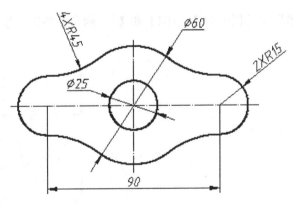

图 2-37　草图实例 1

该截面由圆和圆弧构成，其标注有直径、半径和线性尺寸，约束有相切和等半径。

1. 设定工作目录

单击【主页】→【选择工作目录】，弹出【选择工作目录】对话框，在该对话框中，按路径"D:\chapter_2\example"选择目录，最后单击 确定 按钮。此时信息区中提示："成功地改变到 D:\ chapter_2\example 目录"。

2. 建立文件

单击【主页】→【 新建】，则出现图 2-38 所示的【新建】对话框，选择【类型】为 "草绘"，输入文件名 "section_1"，最后单击 确定 按钮。

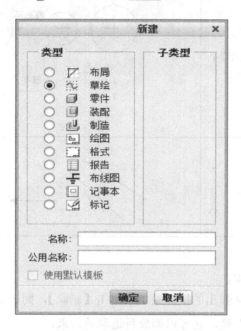

图 2-38　【新建】对话框

3. 绘制几何图元

(1) 单击 "草绘器" 工具栏中的【 中心线】按钮，绘制一条水平线和一条竖直线，如图 2-39 所示。

(2) 单击 "草绘器" 工具栏中的【 圆】和【 圆角】按钮，绘制如图 2-40 所示的圆和圆弧。

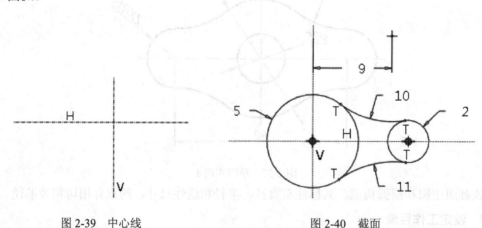

图 2-39　中心线　　　　　　　　　　　　图 2-40　截面

注意：为使图面看起来更加整洁，可以单击【视图】工具栏中的按钮 " " 和 " "，关闭尺寸和约束的显示。

(3) 删除多余的图元。单击【 ↗ 删除段】按钮，在图形窗口中单击多余的图元，图形编辑后如图 2-41 所示。

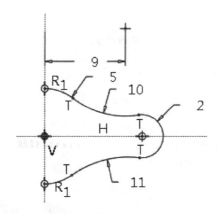

图 2-41　图元编辑

(4) 镜像图元。选取要镜像的图元，单击【 小 镜像】按钮，然后选择竖直的中心线，镜像完成，如图 2-42 所示。

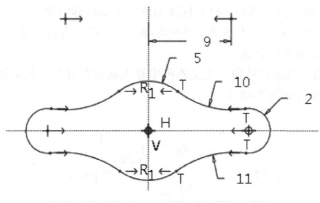

图 2-42　图元镜像

(5) 添加约束。单击【 ═ 相等】按钮，然后单击 R_{10} 和 R_{11} 的圆弧，约束添加后如图 2-43 所示。

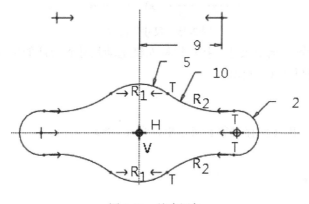

图 2-43　约束添加

(6) 按比例缩放图形。选中全部图元及尺寸，单击【🗒修改】按钮，弹出图 2-44 所示的【修改尺寸】对话框，勾选【锁定比例】，然后把尺寸值 "2" 修改为 "15"，最后单击 确定 按钮。

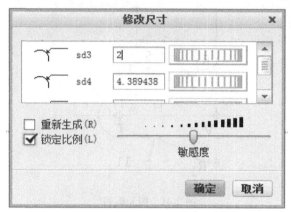

图 2-44　【修改尺寸】对话框

(7) 标注尺寸。单击【|↦|法向】按钮，进行尺寸标注。

① 直径标注。双击圆，然后在尺寸标注的位置单击鼠标中键。

② 线性尺寸标注。先单击左端 R_{15} 圆弧的圆心，然后单击右端 R_{15} 圆弧的圆心，然后在尺寸标注的位置单击鼠标中键。

(8) 修改尺寸值。双击尺寸值，在文本框中输入新的尺寸值，然后回车或单击鼠标中键。尺寸值修改完成后如图 2-45 所示。

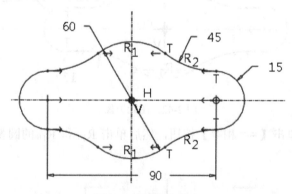

图 2-45　尺寸值修改

(9) 移动尺寸位置。选中尺寸，按住鼠标左键拖动尺寸到合适的位置。

(10) 绘制φ25 圆并修改直径值。

4. 保存文件

单击🖫按钮，弹出【保存对象】对话框，单击 确定 按钮。

2.2.6　草图实例 2

草图实例 2 如图 2-46 所示。

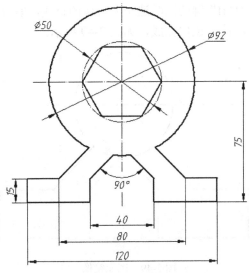

图 2-46 草图实例 2

该截面左右对称，可以利用镜像工具。图中 $\phi 50$ 的圆是中心圆。

1. 设定工作目录

按路径"D:\chapter_2\example"设置工作目录。

2. 建立文件

建立新文件，文件名为"section_2"。

3. 绘制几何图元

(1) 单击"草绘器"工具栏中的【 ┊ 中心线】按钮，绘制两条水平线和一条垂直线，如图 2-47 所示。

(2) 单击"草绘器"工具栏中的【 ⌒ 线】和【 ◎ 圆】按钮，绘制如图 2-48 所示的直线和圆。

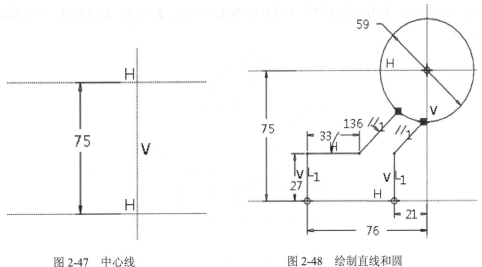

图 2-47　中心线　　　　　　　　　　　图 2-48　绘制直线和圆

(3) 镜像直线。按住 "Ctrl" 键的同时选中要镜像的直线，单击【 ⚮ 镜像】按钮，按信息区的提示选择竖直的中心线，镜像完成，如图 2-49 所示。

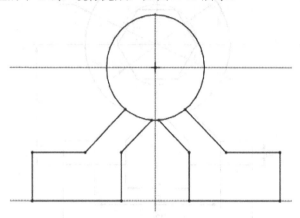

图 2-49 图元镜像

(4) 修剪图形。单击【 ⤢ 删除段】按钮，然后选择要删除的线段，或按住鼠标左键不放，拖动鼠标经过要删除的图元，如图 2-50 所示。

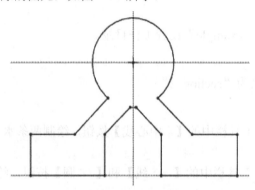

图 2-50 修剪后的图形

(5) 标注尺寸。单击 "草绘器" 工具栏中的【 |↔| 法向】按钮，标注如图 2-51 所示的尺寸。

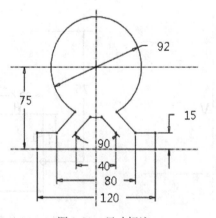

图 2-51 尺寸标注

(6) 移动尺寸位置。选中尺寸，按住鼠标左键拖动尺寸到合适的位置。

(7) 绘制正六边形。单击【 ⊙选项板】按钮，弹出【草绘器调色板】，如图 2-52 所示，选择"六边形"，按住鼠标左键拖动到 φ92 圆的圆心，单击鼠标中键，绘制的六边形如图 2-53 所示。

图 2-52　草绘器调色板

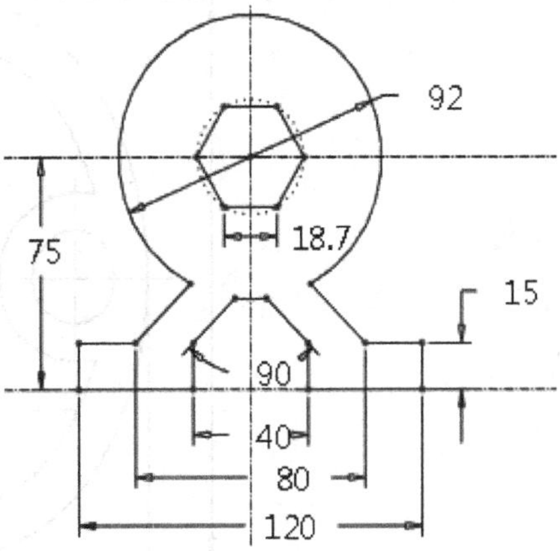

图 2-53　正六边形的绘制

(8) 标注正六边形外接圆的直径，如图 2-54 所示。

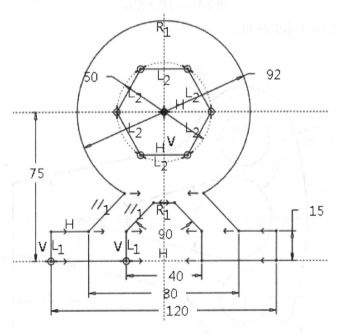

图 2-54　添加约束和尺寸的草图

4. 保存文件

按照 2.2.5 节介绍的方法保存文件。

2.3 习　　题

1. 建立如图 2-55 所示的截面。

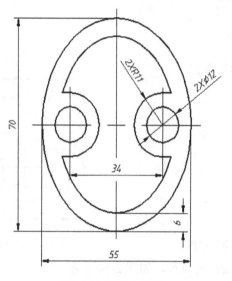

图 2-55　习题 1 附图

2. 建立如图 2-56 所示的截面。

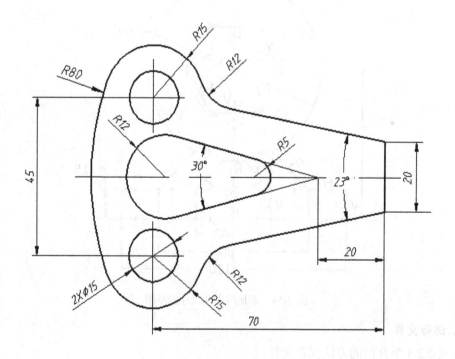

图 2-56　习题 2 附图

3. 建立如图 2-57 所示的截面。

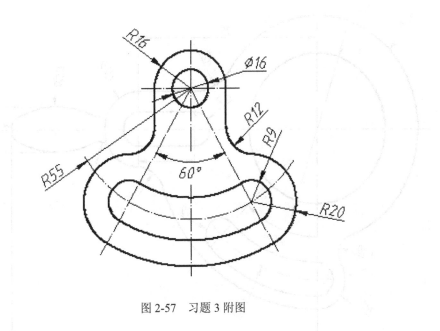

图 2-57 习题 3 附图

4. 建立如图 2-58 所示的截面。

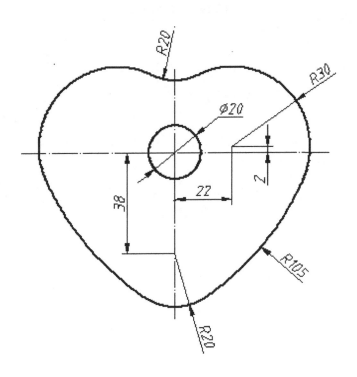

图 2-58 习题 4 附图

5. 建立如图 2-59 所示的截面。

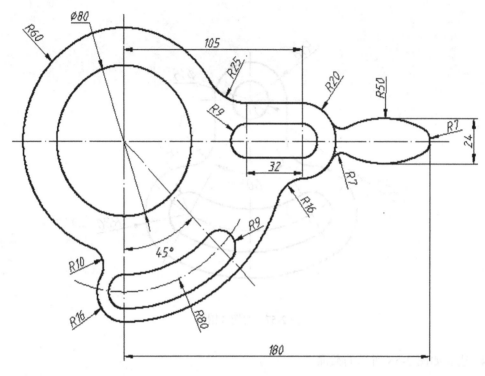

图 2-59　习题 5 附图

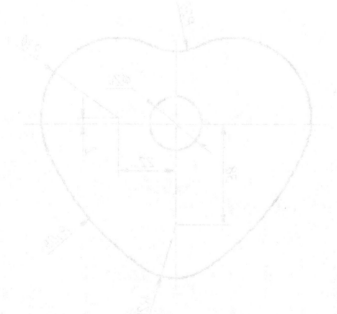

第 3 章　基础特征及实例

本章主要介绍 Creo 3.0 实体建模的常用特征，其中包括基础特征、编辑特征。文中以实例的形式讲述这些特征的应用，可使用户在练习的过程中熟练掌握特征的建立及编辑。

Creo 是基于特征建模的软件系统，特征是零件模型中的最小组成部分。一个零件可包含多个特征，而特征包括基准、拉伸、孔、倒圆角、倒角、切口、阵列等。零件实体建模就是逐个创建几何特征，因此在零件建模时，要把零件分解为多个尽可能简单的特征，这样零件的修改会更加灵活，建模过程将变得更加简单。

以图 3-1 的零件模型为例，从图 3-2 的模型树可看出零件包括如下特征：RIGHT 基准面、TOP 基准面、FRONT 基准面、旋转 1、拉伸 1、拉伸 2 和阵列 1。

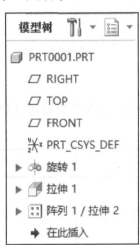

图 3-1　零件模型　　　　　　　　　图 3-2　零件的模型树

3.1　拉 伸 特 征

拉伸是通过将二维截面沿垂直于草绘平面方向延伸指定距离来创建三维几何。拉伸特征是作为创建实体或曲面以及添加或移除材料的基本方法之一。

3.1.1　拉伸特征介绍

下面以圆柱为例详细介绍拉伸特征的选项及建立过程。

1. 打开"拉伸"特征

如图 3-3 所示，单击【模型】，然后单击【⬚ 拉伸】按钮，即可打开【拉伸】选项卡。

图 3-3 【拉伸】工具按钮

2. 选择拉伸类型

拉伸特征被激活后，则弹出如图 3-4 所示的【拉伸】选项卡。

图 3-4 【拉伸】选项卡

灵活应用"拉伸"特征可以创建各种类型的几何，如表 3-1 所示。

表 3-1 常用拉伸类型

拉伸类型	选 项	截面特点	模型实例
拉伸实体伸出项	▢	截面封闭	
拉伸实体薄壁件	▢ + ⌐	截面开放或封闭	
拉伸切口	▢ + ◢	截面封闭	
拉伸曲面	◠	截面封闭或开放	

3. 草绘截面

(1) 在【拉伸】选项卡中单击【放置】，如图 3-5 所示，然后在弹出的面板中单击 定义… 按钮，弹出【草绘】对话框，如图 3-6 所示。

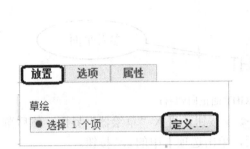

图 3-5　【放置】选项　　　　　　　　　　　　　图 3-6　【草绘】对话框

注意：也可在图形窗口中单击鼠标右键，从弹出的快捷菜单中选择【定义内部草绘】。

(2) 选择草绘平面和草绘方向。

① 草绘平面。在图 3-6 的【草绘】对话框的【平面】编辑框中，可以通过鼠标在绘图窗口选择基准平面或已建特征的平面作为草绘平面，图 3-7 就是以"TOP"基准面为草绘的平面，其中的箭头表示草绘视图的方向，此时【草绘】对话框如图 3-8 所示。

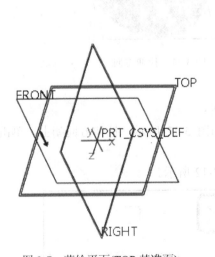

图 3-7　草绘平面(TOP 基准面)　　　　　　　　图 3-8　【草绘】对话框

② 草绘方向。在【草绘】对话框的【参考】编辑框中，可以通过鼠标在绘图窗口选择基准平面或已建特征的平面作为参考平面，在【方向】编辑框中可以单击下拉箭头，从下拉列表中选择"上、下、左和右"任一方向确定草绘视图方向。以图 3-7 为例，以"TOP"基准面作为草绘平面，以"RIGHT"基准面作为参照平面，且其正方向朝右，则草绘平面投影后如图 3-9 所示。

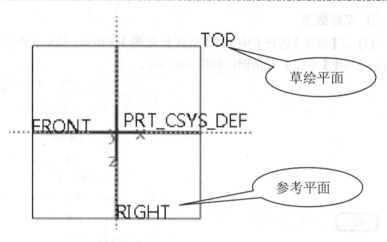

图 3-9　草绘平面投影(RIGHT 面正向朝右)

(3) 草绘。在【草绘】对话框中，单击 草绘 按钮，进入"草绘器"界面，然后草绘拉伸的截面，如图 3-10 所示。截面绘制完成后，单击选项卡中的 ✔ 按钮。

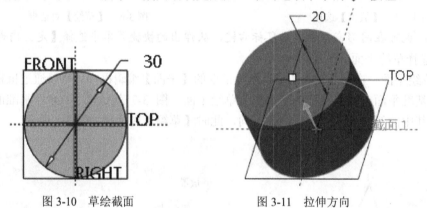

图 3-10　草绘截面 　　　　　　　　　图 3-11　拉伸方向

4. 设置拉伸深度及方向

(1) 拉伸方向。改变拉伸方向的方法有以下两种：

① 在绘图窗口中单击表明拉伸方向的箭头。如图 3-11 所示，拉伸方向朝上，单击箭头后，拉伸箭头方向朝下。

② 在【拉伸】选项卡中单击 按钮，如图 3-12 所示。

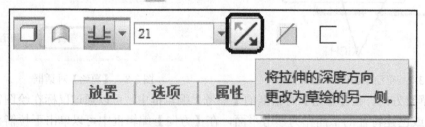

图 3-12　【拉伸】选项卡中的"拉伸方向"按钮

(2) 拉伸深度。拉伸"深度"选项如图 3-13 所示，通过选取下列深度选项之一可指定拉伸特征的深度：

- ⬆(盲孔)：以指定深度值从草绘平面拉伸截面。

注意： 指定一个负的深度值会反转深度方向。

- ⬓(对称)：在草绘平面的每一侧以指定深度值的一半拉伸截面。
- ⬆(穿至)：将截面拉伸，使其与选定曲面或平面相交。
- ⬍(到下一个)：拉伸截面直至下一个曲面时终止。
- ⬆(穿透)：拉伸截面使之与所有曲面相交，即在特征到达最后一个曲面时终止。
- ⬆(到选定项)：将截面拉伸至一个选定点、曲线、平面或曲面。

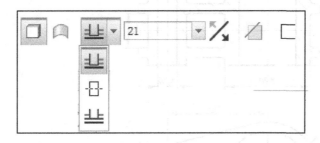

图 3-13　【拉伸】选项卡中的"深度"选项

另外，【拉伸】选项卡中的【选项】可以对两侧深度进行设置，如图 3-14 所示。

图 3-14　【选项】选项

5. 修改特征名称

在【拉伸】选项卡中单击【属性】，在【名称】编辑框中可以修改拉伸特征的名称，如图 3-15 所示，单击 ⓘ 按钮便可在浏览器中打开特征信息。

图 3-15　【属性】选项

6. 完成特征的建立

在【拉伸】选项卡中单击 ✅ 按钮，如图 3-15 所示，或单击鼠标中键，完成拉伸特征的建立。

3.1.2 拉伸实例 1

拉伸实例 1 如图 3-16 所示。

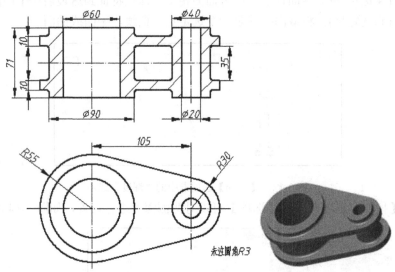

图 3-16 拉伸实例 1

该零件可以利用拉伸特征来建立。零件模型建立的过程见建模分析表 3-2。

表 3-2 拉伸实例 1 的零件建模分析

编号	特征	三维建模图	编号	特征	三维建模图
1	拉伸		2	基准面 DTM1	
3	拉伸		4	镜像	
5	拉伸		6	倒圆角 R3	

零件模型建立的具体过程如下：

1. 设定工作目录

单击【主页】→【选择工作目录】，如图 3-17 所示，弹出【选择工作目录】对话框，在对话框中，按路径"D:\chapter_3\3.1\example"选择目录，最后单击 确定 按钮，此时信息区中提示："成功地改变到 D:\chapter_3\3.1\example 目录"。

图 3-17 【主页】选项卡

2. 建立文件(单位为 mm)

在快速访问工具栏中单击 □ 按钮，则出现图 3-18 所示的【新建】对话框，输入文件名"extrude_1"，取消对【使用默认模板】的选择，再单击 确定 按钮，出现图 3-19 所示的【新文件选项】对话框，选择"mmns_part_solid"，最后单击 确定 按钮。

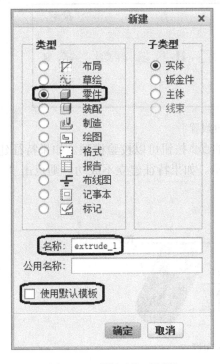

图 3-18 【新建】对话框　　　　　　　　图 3-19 【新文件选项】对话框

3. 拉伸建立 ϕ90 和 ϕ40 圆柱

(1) 单击【 拉伸】按钮。

(2) 在图形窗口中选择"TOP"基准面作为草绘的平面，进入草绘窗口。

(3) 截面诊断选项设置。

① 单击【检查】选项卡中的 🔲 按钮。

注意：【🔲 着色的封闭环】选项表示着色区的边界由不重叠的草绘图元的封闭链形成。

② 单击【检查】选项卡中的 🔲 按钮。

注意：【🔲 加亮开放端点】选项表示突出显示不被多个图元共用的草绘图元的顶点。

(4) 单击【设置】选项的 🔲 按钮。

(5) 绘制如图 3-20 所示的截面，并修改尺寸，然后单击工具栏的 ✔ 按钮。

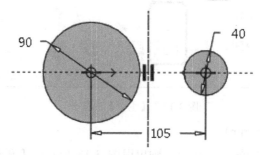

图 3-20　草绘截面

(6) 如图 3-21 所示，在【拉伸】选项卡的"深度"编辑框中输入深度值"71"。

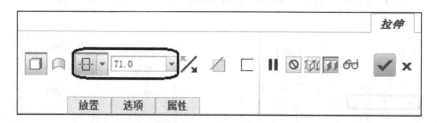

图 3-21　深度设置

(7) 在【拉伸】选项卡中，单击图 3-21 中的 👓 按钮可以校验模型。如果特征建立成功，则单击 ✔ 按钮，特征生成，如图 3-22 所示。如果特征建立不成功，则点击" ▶ "按钮，返回修改。

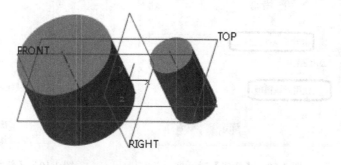

图 3-22　圆柱特征

4. 建立基准平面 DTM1

(1) 在【模型】选项卡中单击 🔲 按钮，弹出如图 3-23 所示的对话框。

(2) 在图形窗口单击选择"TOP"基准面，并在【平移】编辑框中输入值"17.5"。

(3) 单击鼠标中键，完成基准面的创建。

图 3-23　【基准平面】对话框

5. 建立上部厚度为 10 的板

(1) 单击【　拉伸】按钮。

(2) 在图形窗口中选择"DTM1"基准面作为草绘平面，进入草绘窗口。

(3) 单击【设置】选项中的 　 按钮。

注意：此选项可在【文件】菜单中设置，即单击【文件】→【选项】，然后单击【草绘器】选项，勾选【使草绘平面与屏幕平行】。

(4) 利用 ◎圆▼ 和 ╲线▼ 绘制如图 3-24 所示的截面，并修改尺寸，然后单击工具栏的 ✔ 按钮。

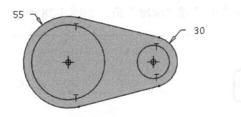

图 3-24　板的截面

(5) 在【拉伸】选项卡的"深度"编辑框中输入深度值"10"。

(6) 单击鼠标中键，特征生成，如图 3-25 所示。

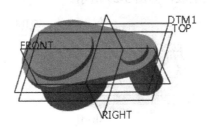

图 3-25　板特征

6. 镜像特征

(1) 选中上一步所建立的板特征。

(2) 在【模型】选项卡中单击【　镜像】按钮，弹出如图 3-26 所示的选项卡。

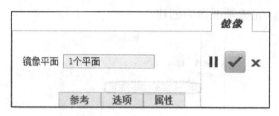

图 3-26   【镜像】选项卡

(3) 在图形窗口单击选择"TOP"基准面。

(4) 单击鼠标中键，完成特征镜像。

7. 建立 φ60 和 φ20 的孔

(1) 单击【■拉伸】按钮。

(2) 在图形窗口中单击选择"圆柱上表面"作为草绘的平面，进入草绘窗口。

(3) 利用 ◎圆▾ 绘制如图 3-27 所示的截面，并修改尺寸，然后单击工具栏的 ✔ 按钮。

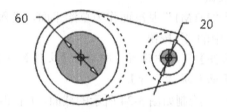

图 3-27   草绘截面

(4) 在【拉伸】选项卡中设置"深度"值，如图 3-28 所示。

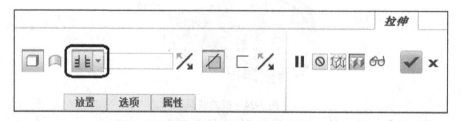

图 3-28   "深度"选项设置

(5) 单击鼠标中键，特征生成，如图 3-29 所示。

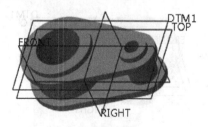

图 3-29   孔特征

8. 倒圆角

(1) 单击【模型】选项卡中的【 ◔倒圆角】按钮，弹出如图 3-30 所示的选项卡。

(2) 按住"Ctrl"键的同时在绘图窗口区域选取如图 3-31 所示的 8 条边。

图 3-30　圆角半径设置

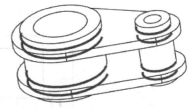

图 3-31　倒圆角的边

(3) 在图 3-30 所示的选项卡中输入圆角半径值"3"。

(4) 单击鼠标中键，特征生成。

9. 层隐藏

(1) 按图 3-32 所示打开【层树】。

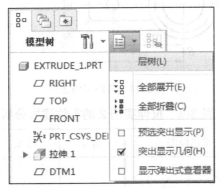

图 3-32　层树

(2) 选中图 3-33 中的层，单击鼠标右键，在弹出的菜单中选择【隐藏】。

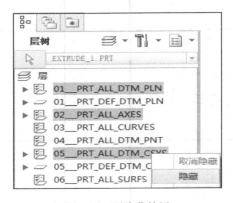

图 3-33　要隐藏的层

10. 保存文件

单击工具栏中的 ⊟ 按钮，保存文件。

3.1.3　拉伸实例 2

拉伸实例 2 如图 3-34 所示。该零件主要利用拉伸特征来建立。零件模型建立的过程见建模分析表 3-3。

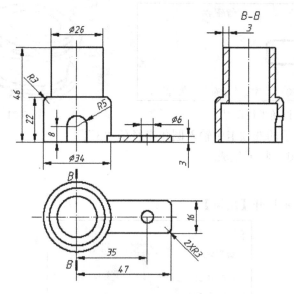

图 3-34　拉伸实例 2

表 3-3　拉伸实例 2 的零件建模分析表

编号	特征	三维建模图	编号	特征	三维建模图
1	拉伸		2	拉伸	
3	倒圆角 R4		4	壳	
5	拉伸		6	倒圆角 R3	
7	拉伸				

1. 设定工作目录

按路径"D:\chapter_3\3.1\example"选择工作目录。

2. 建立文件

建立新文件"extrude_2"，单位为"mm"。

3. 拉伸建立 ϕ34 圆柱

(1) 单击【🔲拉伸】按钮。

(2) 在图形窗口中单击选择"TOP"基准面作为草绘平面，进入草绘窗口。

(3) 绘制如图 3-35 所示的截面，并修改尺寸，然后单击工具栏的✔按钮。

(4) 在【拉伸】选项卡的"深度"编辑框中输入深度值"22"。

(5) 单击鼠标中键，特征生成，如图 3-36 所示。

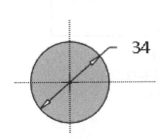

图 3-35　草绘截面

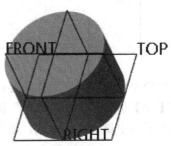

图 3-36　圆柱特征

4. 建立 ϕ26 圆柱特征

(1) 单击【🔲拉伸】按钮。

(2) 在图形窗口中单击选择"TOP"基准面作为草绘平面，进入草绘窗口。

(3) 绘制如图 3-37 所示的截面，并修改尺寸，然后单击选项卡中的✔按钮。

(4) 在【拉伸】选项卡的"深度"编辑框中输入深度值"46"。

(5) 单击鼠标中键，特征生成，如图 3-38 所示。

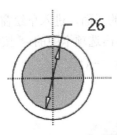

图 3-37　草绘截面

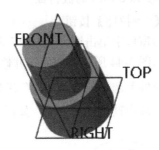

图 3-38　圆柱特征

5. 倒圆角

(1) 单击【模型】选项卡中的【🔲倒圆角】按钮。

(2) 在绘图窗口区域选取如图 3-39 所示的边。

(3) 在【倒圆角】选项卡中输入圆角半径值"3"。

(4) 单击鼠标中键，特征生成，如图 3-40 所示。

图 3-39　倒圆角的边　　　　　　　　　图 3-40　圆角特征

6. 建立抽壳特征

(1) 单击【模型】选项卡中的【■壳】按钮，弹出图 3-41 所示的选项卡。

图 3-41　【壳】特征的选项卡

(2) 选择模型的顶面和底面作为要移除的曲面，如图 3-42 所示。

(3) 在【壳】选项卡上的"厚度"框内键入厚度值"3"。

(4) 单击鼠标中键，特征生成，如图 3-43 所示。

图 3-42　要移除的面　　　　　　　　　图 3-43　添加了壳特征的模型

7. 建立厚度为 3 mm 的板特征

(1) 单击【▧拉伸】按钮。

(2) 在图形窗口中单击选择"TOP"基准面作为草绘的平面，进入草绘窗口。

(3) 绘制如图 3-44 所示的截面，并修改尺寸，然后单击选项卡中的✔按钮。

(4) 在【拉伸】选项卡的"深度"编辑框中输入深度值"3"。

(5) 单击鼠标中键，特征生成，如图 3-45 所示。

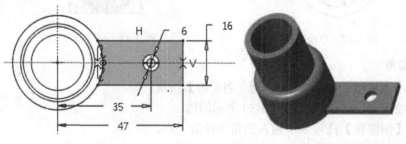

图 3-44　草绘截面　　　　　　　　　　图 3-45　板特征

8. 倒圆角

按住"Ctrl"键的同时选取如图 3-46 所示的两条边进行倒圆角，圆角半径值为"3"。

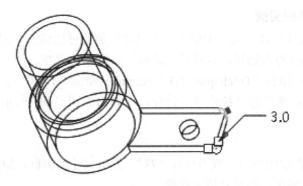

图 3-46　倒圆角的边

9. 拉伸前部的缺口特征

(1) 单击【拉伸】按钮。

(2) 在图形窗口中单击选择"FRONT"基准面作为草绘平面，进入草绘窗口。

(3) 绘制如图 3-47 所示的截面，并修改尺寸，然后单击选项卡中的 ✔ 按钮。

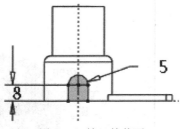

图 3-47　缺口的截面

(4) 如图 3-48 所示，在【拉伸】选项卡中选择相应的选项。

图 3-48　【拉伸】选项卡

图 3-49　最终模型

(5) 按鼠标中键，特征生成，如图 3-49 所示。

10. 层隐藏

按图 3-32 和图 3-33 对层进行隐藏。

11. 保存文件

单击快速访问工具栏中的 按钮，进行文件的保存。

3.1.4 特征的编辑

1. 特征的尺寸编辑实例

Creo 是参数化设计软件，其最大优点在于尺寸参数值可以修改。用户在建模时，经常会出现尺寸设计错误或输入错误，这样尺寸编辑就显得非常重要。

(1) 打开文件。按路径 "D:\chapter_3\3.1\example\extrude_1.prt" 打开文件。

(2) 在模型树中右键点选"拉伸 1"特征，在弹出的图 3-50 所示的快捷菜单中选择【 ⁺⁻ⅆ1 】。

(3) 修改尺寸。在绘图窗口，双击尺寸"71"，弹出尺寸编辑框，如图 3-51 所示，在编辑框中输入"72"并回车，则尺寸值被修改。

图 3-50　特征的右键快捷菜单　　　　图 3-51　修改尺寸值

2. 特征截面编辑

(1) 在模型树中单击特征前面的 ▶ 按钮。

(2) 右键单击【截面】，如图 3-52 所示，在弹出的快捷菜单中选择 ✎ 按钮，进入草绘窗口。

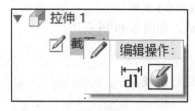

图 3-52　选择"编辑定义"按钮

(3) 截面修改完后，单击鼠标中键，特征编辑完成。

3. 特征参数、拉伸方向等选项的编辑

(1) 在模型树中右键单击选取特征，在弹出的快捷菜单中选择 ✎，进入特征选项卡。

(2) 特征修改完后，单击鼠标中键。

3.1.5　习题

1. 利用拉伸特征建立如图 3-53 所示的实体模型。

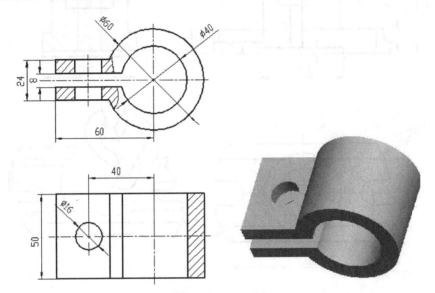

图 3-53　习题 1 附图

2. 利用拉伸特征建立如图 3-54 所示的实体模型。

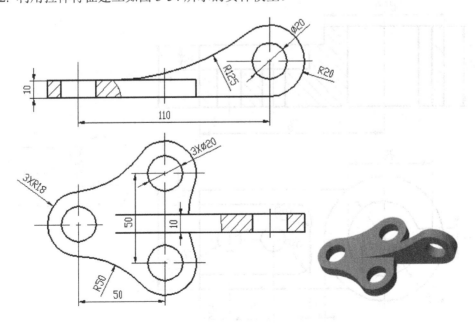

图 3-54　习题 2 附图

3. 利用拉伸特征建立如图 3-55 所示的实体模型。

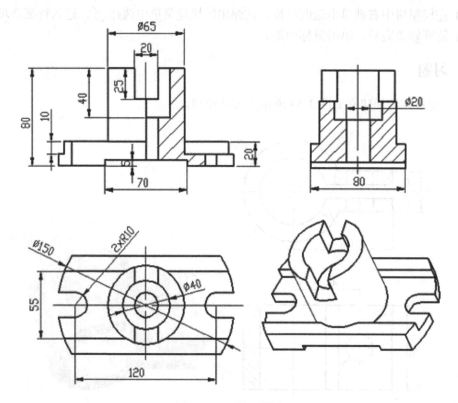

图 3-55　习题 3 附图

4. 利用拉伸特征建立如图 3-56 所示的实体模型。

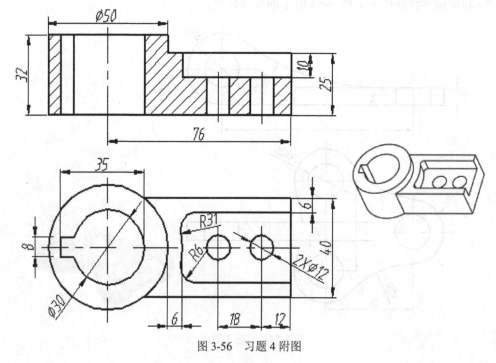

图 3-56　习题 4 附图

5. 利用拉伸特征建立如图 3-57 所示的实体模型。

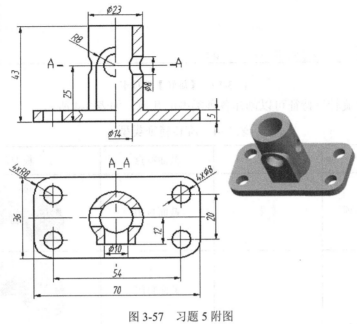

图 3-57　习题 5 附图

3.2　旋　转　特　征

旋转特征是通过绕中心线旋转草绘截面而形成的特征。该特征是创建实体或曲面以及添加或移除材料的基本方法之一。

3.2.1　旋转特征介绍

下面详细介绍旋转特征的选项及建立过程。

1. 打开"旋转"特征

如图 3-58 所示，单击【模型】→【旋转】按钮，即可打开【旋转】选项卡。

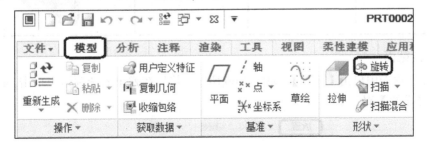

图 3-58　【旋转】工具按钮

2. 选择旋转类型

旋转特征激活后，则弹出如图 3-59 所示的【旋转】选项卡。

图 3-59 【旋转】选项卡

灵活应用"旋转"特征可以创建各种类型的几何，如表 3-4 所示。

表 3-4 旋转特征类型

旋转类型	选项	截面特点	模型范例
旋转实体伸出项	▢	截面封闭	
具有指定厚度的旋转伸出项	▢ + ⊏	截面封闭	
		截面开放	
旋转切口	▢ + ◺	截面封闭	
旋转曲面	◠	截面开放或封闭	

3. 草绘截面

(1) 在选项卡中单击【放置】，如图 3-60 所示，然后在弹出的选项卡中单击 定义... 按钮，弹出【草绘】对话框。

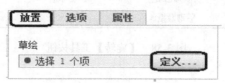

图 3-60 【放置】选项卡

注意：也可以先选择一个草绘对象，然后单击【模型】→【🔩旋转】。

(2) 选择草绘平面和草绘方向。

① 草绘平面。在【草绘】对话框的【平面】编辑框中，可以通过鼠标在绘图窗口选择基准平面或已建特征的平面作为草绘平面。

② 草绘方向。在【草绘】对话框的【参考】编辑框中，可以通过鼠标在绘图窗口选择基准平面或已建特征的平面作为参考平面，单击【方向】编辑框右侧的下拉箭头，可从下拉列表中选择"上、下、左和右"任一方向确定草绘视图方向，如图 3-61 所示。初学者，草绘方向可以按默认设置。

图 3-61　【草绘】对话框

(3) 草绘截面。在【草绘】对话框中，单击 草绘 按钮，进入"草绘器"，然后草绘截面和轴线，如图 3-62 所示。截面绘制完成后，在"草绘器"的右侧单击✔按钮。

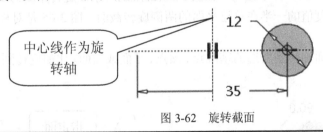

图 3-62　旋转截面

注意：

草绘截面：草绘截面必须在旋转轴的一侧；创建实体时截面必须封闭。

旋转轴：

(1) 在"草绘器"中，可绘制中心线以用作旋转轴。

　　· 如果截面包含一条中心线，则该中心线将被用作旋转轴。

　　· 如果截面包含一条以上的中心线，系统会将第一条中心线用作旋转轴。用户可声明将任一条中心线用作旋转轴。

(2) 可选取现有的线性几何作为旋转轴，如基准轴、直边、直曲线、坐标系的轴。

4. 设置旋转角度及方向

(1) 旋转方向。在图 3-63 所示的选项卡中点击【⚞】按钮，旋转方向由图 3-64(a)变为图 3-64(b)。

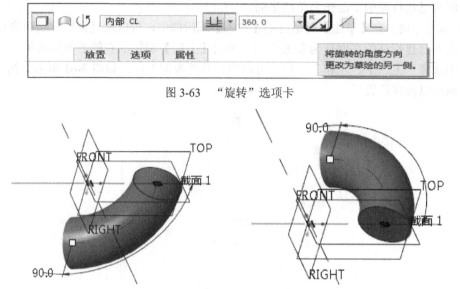

图 3-63 "旋转"选项卡

图 3-64 旋转方向

(2) 旋转角度。通过选取下列角度选项之一可定义旋转角度：

⊥(变量)：自草绘平面以指定角度值旋转截面。在文本框中键入角度值，或选取一个预定义的角度(90°、180°、270°、360°)，如图 3-64(a)和(b)所示，旋转角度为 90°。

-▯-(对称)：以指定角度值的一半在草绘平面的两侧旋转截面。图 3-65 是对称旋转，角度为 120°。

⊥(到选定项)：将截面旋转到所选的基准点、顶点、平面或曲面。比如旋转到"RIGHT"基准面，如图 3-66 所示。

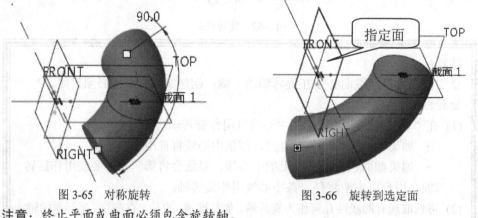

图 3-65 对称旋转   图 3-66 旋转到选定面

注意：终止平面或曲面必须包含旋转轴。

另外，通过【旋转】选项卡中的【选项】可以对两侧角度进行设置，如图 3-67 所示，旋转效果如图 3-68 所示。

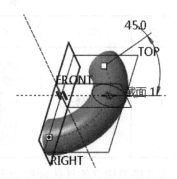

图 3-67　【选项】选项卡　　　　　　　　　　图 3-68　两侧旋转

5. 修改特征名称

在【旋转】选项卡中单击【属性】，在【名称】编辑框中可以修改旋转特征的名称，如图 3-69 所示。单击 ℹ️ 按钮便可在浏览器中打开特征信息。

图 3-69　【属性】选项卡

6. 完成特征的建立

在【旋转】选项卡的右侧单击 ✓ 按钮，完成旋转特征。

3.2.2　旋转实例 1

旋转实例 1 如图 3-70 所示。

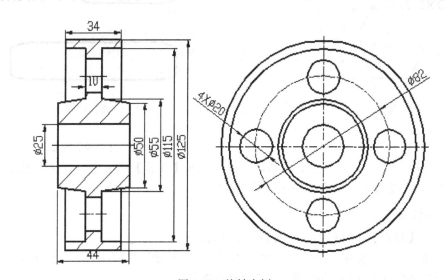

图 3-70　旋转实例 1

该零件可以通过旋转和拉伸特征来建立。零件模型建立的过程见建模分析表 3-5。

表 3-5　旋转实例 1 的建模分析表

编号	特征	三维建模图	编号	特征	三维建模图
1	旋转		2	拉伸	

零件模型建立的具体过程如下：

1. 设定工作目录

按路径"D:\chapter_3\3.2\example"设定工作目录。

2. 建立文件

创建新文件，文件名为"revolve_1"，单位为"mm"。

3. 创建旋转实体特征

(1) 单击【模型】→【旋转】按钮。

(2) 在【旋转】选项卡中单击【放置】→【定义】，弹出【草绘】对话框。

(3) 如图 3-71 所示，在图形窗口中选择"FRONT"基准面作为草绘平面，草绘方向按默认设置，单击图 3-72 中的　草绘　按钮，进入草绘窗口。

图 3-71　草绘平面　　　　　　　　　　　图 3-72　【草绘】对话框

注意：如果草绘方向选择默认的话，可以不进入【放置】选项卡，直接在图形窗口中单击"FRONT"基准面，则自动进入"草绘器"。

4. 草绘截面

(1) 单击【检查】工具栏的 按钮和 按钮。

(2) 单击 中心线 按钮，画一条水平中心线，与"TOP"参照面对齐，作为旋转轴。

(3) 绘制如图 3-73 所示的截面。注意，截面要封闭。

(4) 按照图纸要求标注尺寸，并进行修改，然后单击"草绘器"中的 按钮。

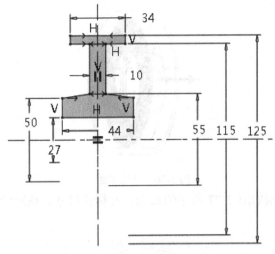

图 3-73　草绘截面

(5) 输入旋转角度。如图 3-74 所示，在旋转角度的编辑框中输入角度值 "360"。

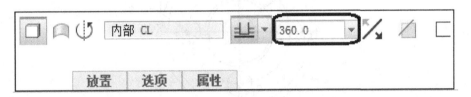

图 3-74　旋转角度设置

(6) 生成特征。在【旋转】选项卡中，单击 ✔ 按钮，特征生成，如图 3-75 所示。

图 3-75　旋转特征

5. 创建 ϕ8 的孔

(1) 单击【模型】→【 ▦拉伸】按钮。

(2) 在【拉伸】选项卡中单击 ◪ 按钮。

(3) 在图形窗口中，选择图 3-76 所示的面作为草绘平面，草绘方向按默认设置，进入 "草绘器"。

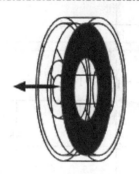

图 3-76 草绘平面

(4) 绘制截面。绘制如图 3-77 所示的截面，并标注尺寸。截面绘制完后，单击鼠标中键，退出草绘窗口。

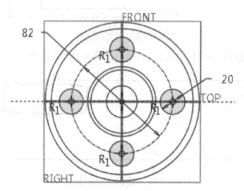

图 3-77 孔的截面

(5) 在【拉伸】选项卡的"深度"选项处选择 ⯗⯗ 按钮。

(6) 单击鼠标中键，特征生成，如图 3-78 所示。

图 3-78 孔特征

6. 保存文件

按照前面介绍的方法保存文件。

3.2.3 旋转实例 2

旋转实例 2 如图 3-79 所示。

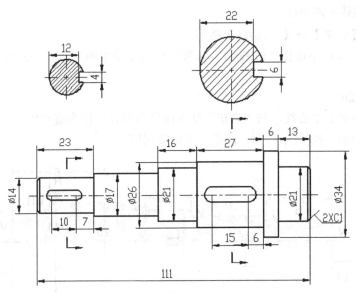

图 3-79　旋转实例 2

该零件可以通过旋转、拉伸和倒角特征来建立。零件模型建立的过程见建模分析表 3-6。

表 3-6　旋转实例 2 的建模分析表

编号	特征	三维建模图
1	旋转实体	
2	拉伸切除材料	
3	拉伸切除材料	
4	倒角	

1. 设定工作目录

按路径 "D:\chapter_3\3.2\example" 设定工作目录。

2. 建立文件

创建新文件，文件名为 "revolve_2"，单位为 "mm"。

3. 创建旋转实体特征

(1) 单击【模型】→【⊕旋转】按钮。

(2) 在图形窗口中选择"FRONT"基准面作为草绘平面，草绘方向按默认设置，进入草绘窗口。

(3) 草绘截面。

① 画一条水平中心线，与"TOP"基准面投影对齐，作为旋转轴。

② 绘制如图 3-80 所示截面。注意，截面要封闭。

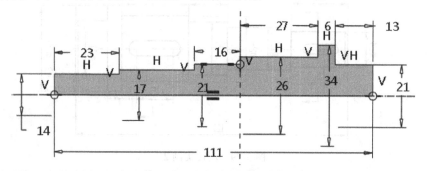

图 3-80　草绘截面

③ 按照图纸要求标注尺寸，并进行修改，然后单击"草绘器"中的 ✔ 按钮。

(4) 输入旋转角度。在【旋转】选项卡中"旋转角度"的编辑框中输入值"360"。

(5) 生成特征。单击鼠标中键，特征生成，如图 3-81 所示。

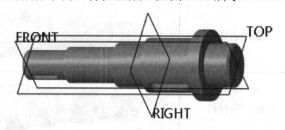

图 3-81　旋转特征

4. 创建 DTM1 基准面

(1) 单击【模型】→ ▱ 按钮，【基准平面】对话框打开，如图 3-82 所示。

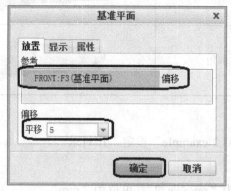

图 3-82　【基准平面】对话框

(2) 单击【参考】收集器，然后在图形窗口中，选择"FRONT"基准面作为参考。

注意： 要添加多个参考，可在选择时按住"Ctrl"键。

(3) 在【平移】编辑框中输入值"5"，并单击 确定 按钮，"DTM1"基准面生成。

5. 创建拉伸(切除材料)特征

(1) 单击【模型】→【 ◢拉伸】按钮。

(2) 在【拉伸】选项卡中单击 ◿ 按钮。

(3) 在图形窗口中，选择"DTM1"基准面作为草绘平面，草绘方向按默认设置，进入草绘窗口。

(4) 绘制如图 3-83 所示的截面，并标注尺寸。截面绘制完后单击"草绘器"右侧的 ✔ 按钮。

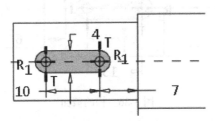

图 3-83　槽的截面

(5) 在【拉伸】选项卡的"深度"选项处选择 ᗷ┣ 。

注意： 根据零件结构来调整拉伸方向。

(6) 单击鼠标中键，特征生成，如图 3-84 所示。

图 3-84　槽特征

6. 创建 DTM2 基准面

(1) 单击【模型】选项卡中的 ◻ 按钮，打开【基准平面】对话框。

(2) 按图 3-85 所示选择参考和设置平移值，最后单击 确定 按钮，"DTM2"基准面生成。

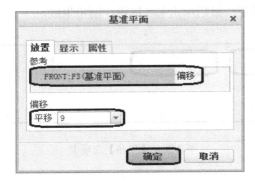

图 3-85　【基准平面】对话框

7. 创建拉伸(切除材料)特征

(1) 在【模型】选项卡中单击【 ➕拉伸】按钮。

(2) 在【拉伸】选项卡中单击 ∅ 按钮。

(3) 在图形窗口中选择"DTM2"基准面作为草绘平面,草绘方向按默认设置,单击 草绘 按钮,进入草绘窗口。

(4) 绘制如图 3-86 所示的截面,并标注尺寸。截面绘制完后单击"草绘器"右侧的✔按钮。

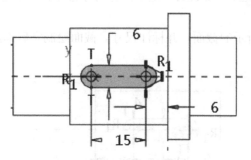

图 3-86 槽的截面

(5) 在【拉伸】选项卡的"深度"选项处选择 ⫶⫶。

(6) 单击鼠标中键,特征生成。

8. 倒角特征

(1) 在【模型】选项卡中单击【 ◇倒角】按钮。

(2) 在图形窗口中,按住"Ctrl"键的同时单击选取如图 3-87 所示的边。

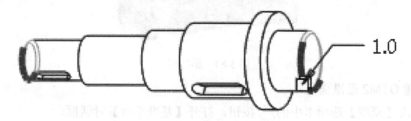

图 3-87 倒角的边

(3) 按图 3-88 进行设置,最后单击 ✔ 按钮,倒角生成。

图 3-88 【倒角】选项卡

9. 创建层

(1) 在"模型树"区域按图 3-89 所示单击相应的按钮,出现图 3-90 所示的"层树"。

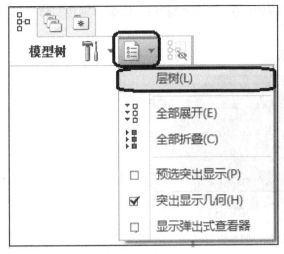

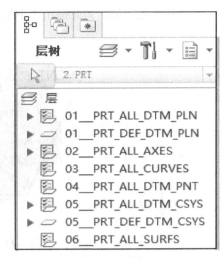

图 3-89　模型树　　　　　　　　　　　　　图 3-90　层树

(2) 在"层树"窗口的空白处单击鼠标右键，从弹出的快捷菜单中选择【新建层】，弹出图 3-91 所示的对话框。

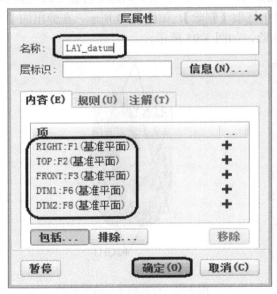

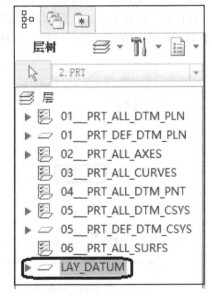

图 3-91　【层属性】对话框　　　　　　　　　图 3-92　新建层

(3) 在【名称】编辑框中输入层名"LAY_datum"，在窗口右下角的"过滤器"中选择"基准平面"，然后在图形窗口按住鼠标左键框选所有的基准平面。

(4) 单击【层属性】对话框中的 确定(O) 按钮，完成层的创建，如图 3-92 所示。

10. 保存文件

按照前面介绍的方法保存文件。

3.2.4　特征参照的编辑

图 3-93 所示的零件模型与旋转实例 1 的零件模型相比，不同的地方是 ① 特征数量不

同；② 特征参照不同。为此提出如下编辑步骤：① 删除孔特征；② 编辑旋转实体伸出项的参照。

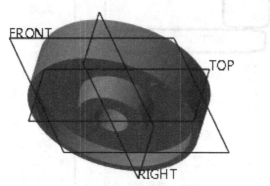

图 3-93   特征参照编辑实例

1. 特征的删除

删除一个特征，将从零件中永久性移除该特征。

(1) 在"模型树"或图形区域中选中要删除的"拉伸 1"特征，则选中特征呈高亮显示。

(2) 单击鼠标右键，在弹出的快捷菜单中选取【删除】，如图 3-94 所示，在弹出的【删除】对话框中，单击 **确定** 按钮，特征被删除，如图 3-95 所示。

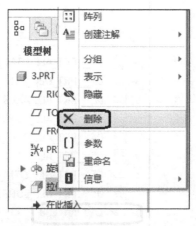

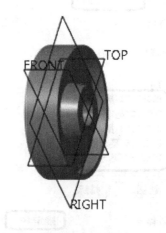

图 3-94   快捷菜单   图 3-95   特征删除后的模型图

2. 特征参照的编辑

(1) 在"模型树"中右键点选"截面 1"，在弹出的快捷菜单中选择 ✍ 按钮，如图 3-96 所示，进入"草绘器"。

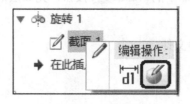

图 3-96   快捷菜单

(2) 在【草绘】选项卡中单击 ![按钮] 按钮。

(3) 在弹出的图 3-97 所示【草绘】对话框中，单击【平面】编辑框，选择 "RIGHT" 基准面作为草绘平面，然后单击 草绘 按钮。

① 在图 3-98 所示的【参考】对话框中，选中 "失败的参考"，单击 删除(D) 按钮，然后单击 ![按钮] 按钮，选择 "FRONT" 基准面作为参考，最后单击 关闭(C) 按钮。

图 3-97　【草绘】对话框　　　　　　　图 3-98　【参考】对话框

② 单击 "草绘器" 右侧的 ✔ 按钮。

③ 在【旋转】选项卡中，单击 ![按钮] 按钮，特征重新生成。

3.2.5　习题

1. 根据图 3-99 建立实体模型。

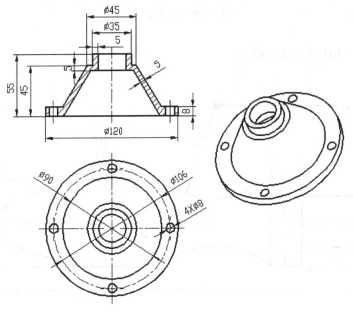

图 3-99　习题 1 附图

2. 根据图 3-100 建立实体模型。

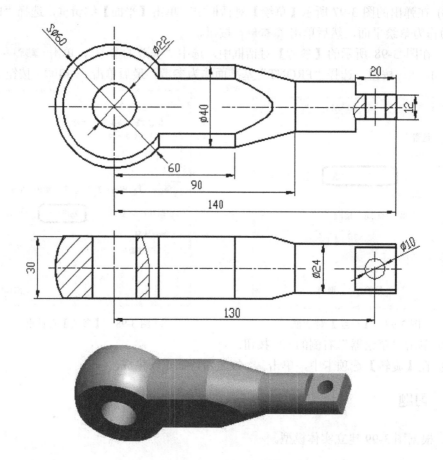

图 3-100　习题 2 附图

3. 根据图 3-101 建立实体模型。

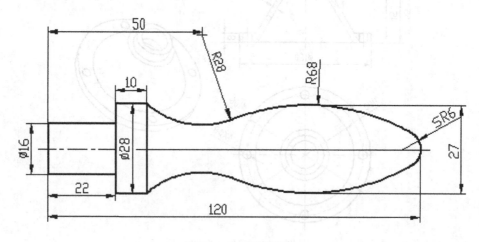

图 3-101　习题 3 附图

4. 根据图 3-102 建立实体模型。

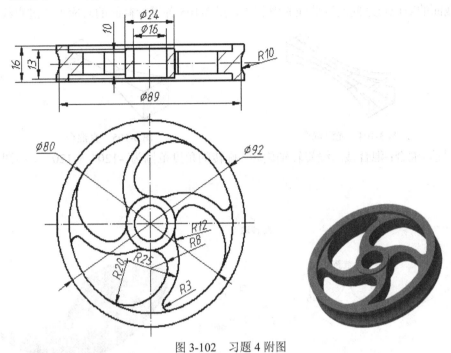

图 3-102　习题 4 附图

5. 根据图 3-103 建立实体模型。

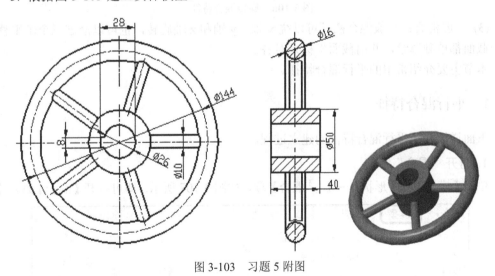

图 3-103　习题 5 附图

3.3　混 合 特 征

　　"混合"特征是由多个平面截面组成，且这些平面截面用过渡曲面连接形成一个连续特征。

　　混合特征根据截面间的关系可分为平行混合、旋转混合和一般混合。

(1) 平行混合：所有混合截面都是相互平行的。如图 3-104 和图 3-105 所示，图 3-104 各平行截面的对应点之间通过曲线光滑相连，图 3-105 各平行截面的对应点通过直线相连。

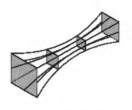 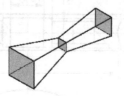

图 3-104　光滑混合　　　　　　　　　　　图 3-105　直混合

(2) 旋转混合：混合截面绕旋转轴旋转。旋转的角度范围为 –120°～120°，如图 3-106 所示。

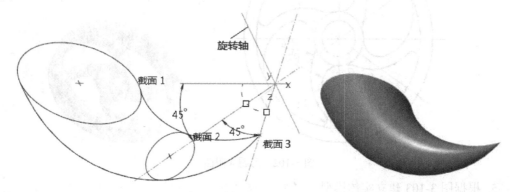

图 3-106　旋转混合特征

(3) 一般混合：一般混合截面可以绕 x 轴、y 轴和 z 轴旋转，也可以沿这三个轴平移。每个截面都单独草绘，并用截面坐标系对齐。

本节主要介绍常用的平行混合特征。

3.3.1　平行混合特征

下面详细介绍平行混合特征的建立过程。

1. 打开"混合"特征

单击【模型】→【形状】→【 混合】项，如图 3-107 所示，即可打开【混合】选项卡。

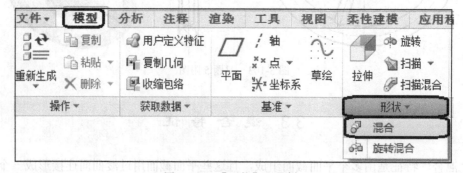

图 3-107　【形状】工具栏

灵活应用"混合"特征选项可以创建各种类型的几何，如表 3-7 所示。

表 3-7　混合实体特征类型

混合选项	模型范例	混合选项	模型范例

2. 选择混合属性

在弹出的选项卡中，单击【选项】，如图 3-108 所示，选择特征属性。

图 3-108　【选项】选项卡

3. 草绘平面及方向设置

在弹出的选项卡中，单击【截面】，如图 3-109 所示，再单击 ▭ 定义… ▭ 按钮，弹出【草绘】对话框，在图形窗口中选择草绘的平面，然后单击【草绘】对话框中的 ▭ 草绘 ▭ 按钮，进入"草绘器"。

图 3-109　【截面】选项卡

4. 草绘截面

(1) 草绘第一个截面，单击"草绘器"右侧的 ✔ 按钮。

(2) 如图 3-110 所示，在编辑框中输入截面 1 和截面 2 的距离，然后单击 <u>草绘...</u> 按钮。

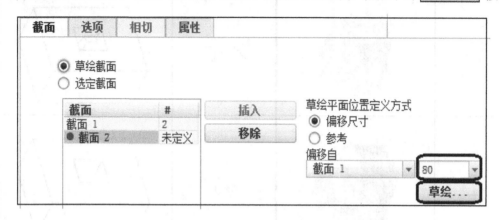

图 3-110   【截面】选项卡

(3) 依此类推，绘制其他截面。

5. 完成特征的建立

单击鼠标中键，特征生成。

3.3.2 混合实例 1

混合实例 1 如图 3-111 所示。

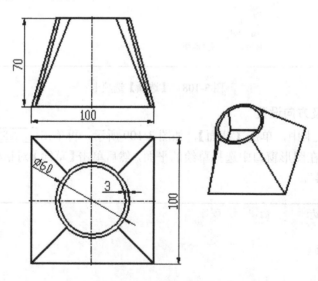

图 3-111   混合实例 1

该零件为薄壁件，可用混合特征来建立。零件由两个截面组成，且截面平行，故属于平行混合。

1. 设定工作目录

按路径"D:\chapter_3\3.3\example"设定工作目录。

2. 建立文件

新建文件，文件名为"blend_1"，单位为"mm"。

3. 创建混合特征

(1) 单击【模型】→【形状】→【 混合】，即可打开【混合】选项卡。

(2) 设置特征属性，如图 3-112 所示。

图 3-112　混合特征属性设置

(3) 设置草绘的平面及方向。

在弹出的选项卡中，单击【截面】，如图 3-113 所示，单击 定义... 按钮，弹出【草绘】对话框，在图形窗口中选择"TOP"作为草绘的平面，然后单击【草绘】对话框中的 草绘 按钮，进入"草绘器"。

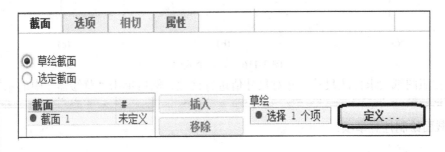

图 3-113　定义截面

(4) 草绘第一个截面，如图 3-114 所示，然后单击"草绘器"右侧的 ✔ 按钮。

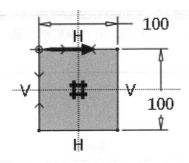

图 3-114　第一个截面

(5) 草绘第二个截面。

① 在图 3-115 所示的编辑框中输入第一个截面和第二个截面之间的距离 "70"，然后单击  按钮，进入 "草绘器"。

图 3-115 　【混合】选项卡

② 先画圆，再画两条通过四边形顶点的中心线，如图 3-116(a)所示。

③ 单击 ⌐ 分割 按钮，然后在圆与中心线的交点处单击，则圆被断开为四段，如图 3-116(b) 所示。

④ 先选中圆弧的左上角点，然后单击鼠标右键，在弹出的快捷菜单中选择【起点】，则箭头方向改变，如图 3-116(c)所示。

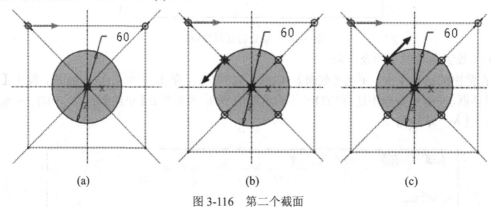

(a)   (b)   (c)

图 3-116 　第二个截面

⑤ 按照图纸要求标注尺寸，并对尺寸值进行修改，然后单击 "草绘器" 中的 ✔ 按钮。

> **截面绘制注意事项：**
>
> (1) 各个截面的图元数量必须相等。
>
> (2) 各个截面的起始点位置和方向必须一致。

(6) 在【混合】选项卡中单击 □ 按钮，并在编辑框中输入壁厚值 "3"，通过 ◪ 按钮调整材料的生长方向，如图 3-117 所示。

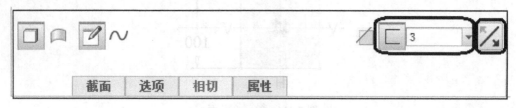

图 3-117 　【混合】选项卡

(7) 单击【混合】选项卡右侧的 ✔ 按钮，特征生成，如图 3-118 所示。

图 3-118　实例 1 的模型

4. 保存文件

按照前面介绍的方法保存文件。

3.3.3　混合实例 2

混合实例 2 如图 3-119 所示。

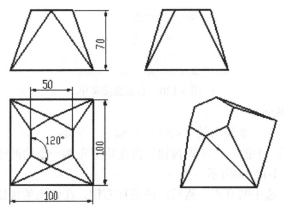

图 3-119　混合实例 2

该零件的上下表面形状不同，但平行，故可以用平行混合特征建立。零件上表面的边界由六条边组成，下表面的边界由四条边组成，两边界的图元数量不等，因此需要设置混合顶点。

混合顶点的特点：

(1) 每个混合顶点给截面添加一个图元。

(2) 混合顶点的标志是在顶点处有一个圆。

(3) 混合顶点不能作为起始点。

(4) 混合顶点只能用于第一个或最后一个截面中。

---

1. 设定工作目录

按路径 "D:\chapter_3\3.3\example" 设定工作目录。

2. 建立文件

建立名为"blend_2"的文件，单位为"mm"。

3. 创建混合伸出项特征

(1) 打开特征。单击【模型】→【形状】→【🌀 混合】，即可打开【混合】选项卡。

(2) 设置特征属性。单击【选项】选项卡，选择【直】。

(3) 设置草绘的平面及方向。在图形窗口空白处，单击鼠标右键，从弹出的快捷菜单中选择【定义内部草绘】，如图 3-120 所示，弹出【草绘】对话框，然后在图形窗口中用鼠标左键选择"TOP"基准面作为草绘的平面，然后单击【草绘】对话框中的 草绘 按钮，进入"草绘器"。

图 3-120　右键快捷菜单

(4) 草绘第一个截面。

① 先画一条水平和一条竖直的中心线，再画一个矩形。

② 单击"草绘器"中的 分割 按钮，再在矩形左侧一条边的中点处单击，则该线段在中点处断开，如图 3-121(a)所示。

③ 设置起始点。选中断开点，然后单击鼠标右键，在弹出的快捷菜单中选择【起点】，如图 3-121(b)所示。

④ 设置混合顶点。先选中矩形的左上角点，然后按住鼠标右键，在弹出的快捷菜单中选择【混合顶点】，按照上述方法，把矩形的其他三个顶点设置为混合顶点，如图 3-121(c)所示。

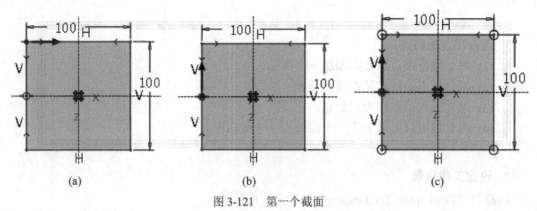

图 3-121　第一个截面

⑤ 按照图纸要求标注尺寸，并对尺寸值进行修改，然后单击【草绘】选项卡中的 ✔ 按钮。

(5) 草绘第二个截面。

① 先草绘正六边形，单击"草绘器"中的 ［⌐⸝分割 按钮，在六边形左边一条边的中点 处单击，则该线段在中点处断开；选中断开点，然后单击鼠标右键，在弹出的快捷菜单中选 择【起点】；然后选中六边形最上面的顶点，单击鼠标右键，在弹出的快捷菜单中选择【混 合顶点】，按同样的方法把六边形最下面的顶点设置为混合顶点，第二个截面如图 3-122 所示。

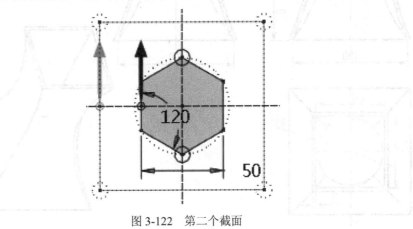

图 3-122　第二个截面

注意：如果六边形起点的方向与四边形不同，则再次选中该点，单击鼠标右键，在弹 出的快捷菜单中选择【混合顶点】，则箭头反向。

② 按照图纸要求标注尺寸，并对尺寸值进行修改，然后单击【草绘】选项卡中的 ✔ 按钮。

(6) 输入截面 1 和截面 2 之间的距离。在图 3-123 所示的【混合】选项卡中输入值"70"。

图 3-123　【混合】选项卡

(7) 单击【混合】选项卡右侧的 ✔ 按钮，特征生成。

4. 保存文件

按照前面介绍的方法保存文件。

3.3.4　混合特征截面的编辑

1. 零件分析

图 3-124 中所示的零件模型与混合实例 1 相比，区别在于图 3-124 的零件模型增加了 一个截面。

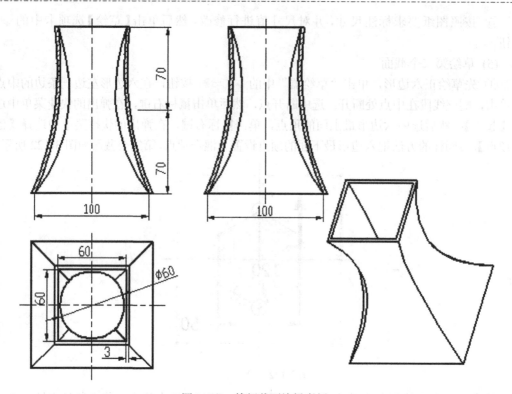

图 3-124   特征截面编辑实例

2. 打开文件并保存副本

按路径"D:\chapter_3\3.3\example\blend_1.prt"打开文件。在功能区选择【文件】→【另存为】→【保存副本】，在弹出的【保存副本】对话框中将"文件名"设为"blend_edit_1"

3. 打开副本文件

按路径"D:\chapter_3\3.3\example\blend_edit_1.prt"打开文件。

4. 增加截面

(1) 在"模型树"中或图形窗口中选中特征，单击鼠标右键，在弹出的快捷菜单中选择 🖌 按钮。

(2) 在图 3-125 所示的【混合】选项卡中，单击 <u>插入</u> 按钮，然后单击 草绘... 按钮，进入"草绘器"。

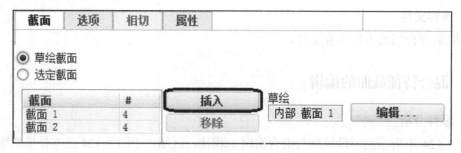

图 3-125   【截面】选项卡

(3) 在绘图窗口中，草绘图 3-126 所示的截面，然后单击"草绘器"中的✔按钮。

(4) 如图 3-127 所示，修改混合特征选项。

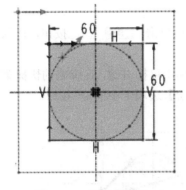

图 3-126　第三个截面

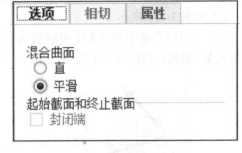

图 3-127　【选项】选项卡

(5) 在图 3-128 所示的编辑框中输入深度值"70"。

图 3-128　【混合】选项卡

(6) 单击【混合】选项卡右侧的✔按钮，特征生成。

5. 保存文件

按照前面介绍的方法保存文件。

3.3.5　混合特征截面起点的编辑

下面是学习中经常会遇到的问题以及针对这些问题的解决办法。

问题：特征扭曲。

以混合实例 1 为例，图 3-129 是创建的混合特征，其外形发生扭曲。

分析：由图 3-129 可看出，两截面在过渡连接时，对应点不在同一个方位，所以需要对特征进行重新编辑，改变起点的位置。

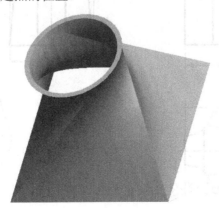

图 3-129　问题特征

解决方法：

(1) 在"模型树"中或图形窗口中选中"问题特征"，单击鼠标右键，在弹出的快捷菜单中单击 按钮。

(2) 在【截面】对话框中，选中要修改的截面，然后单击 编辑… 按钮，进入"草绘器"，截面如图 3-130 所示。

(3) 在草绘窗口中选中图 3-131 中圆的右上角点，单击鼠标右键，在弹出的快捷菜单中选择【起点】，则截面如图 3-131 所示，然后单击【草绘】选项卡中的 按钮。

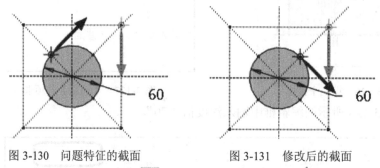

图 3-130　问题特征的截面　　　　　图 3-131　修改后的截面

(4) 单击【混合】选项卡右侧的 按钮，特征生成。

3.3.6　习题

1. 根据图 3-132 建立实体模型。

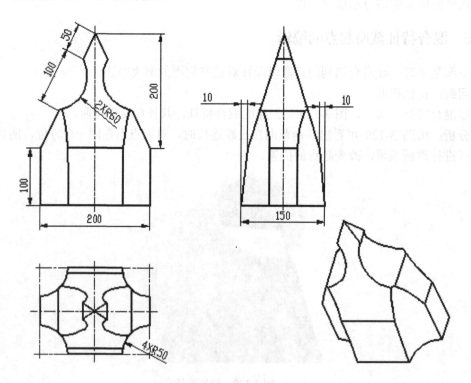

图 3-132　习题 1 附图

2. 根据图 3-133 建立实体模型。

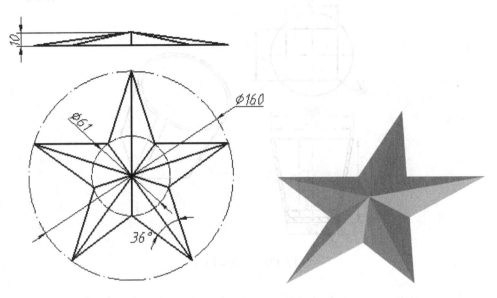

图 3-133　习题 2 附图

3. 根据图 3-134 建立实体模型。

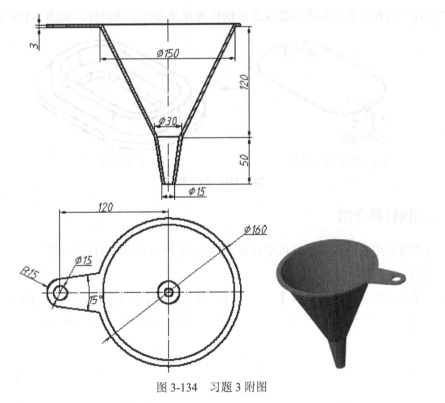

图 3-134　习题 3 附图

4. 根据图 3-135 建立实体模型。

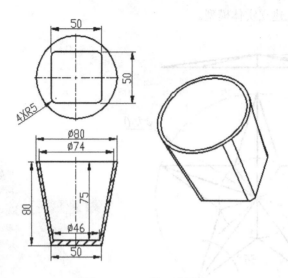

图 3-135　习题 4 附图

3.4　扫　描　特　征

"扫描"特征是截面沿着草绘或选取的轨迹移动而建立的特征，如图 3-136 所示。

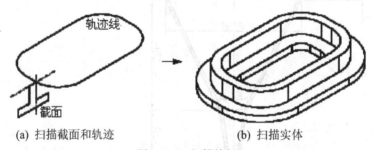

(a) 扫描截面和轨迹　　　　　　　　　　(b) 扫描实体

图 3-136　扫描特征

3.4.1　扫描特征介绍

下面详细介绍扫描特征，并以实体伸出项为例介绍该特征的建立过程。

1. 打开"扫描"特征

单击【模型】→【扫描】→【🗀扫描】，即可打开【扫描】选项卡，如图 3-137 所示。

图 3-137　【扫描】选项卡

2. 轨迹选择

轨迹创建的方式有两种：

(1) 草绘轨迹。单击【模型】→【 ⌒ 草绘】，草绘扫描轨迹。

(2) 选择轨迹。如果在扫描前已经创建好轨迹，则可以在图形窗口中直接选择轨迹。

3. 草绘截面

在【扫描】选项卡中，单击 ✎ ，进入"草绘器"，截面草绘完成后，单击"草绘器"右侧的 ✔ 按钮。

4. 选项设置

选项设置如图 3-138 所示。

图 3-138 【选项】选项卡

5. 完成特征的建立

单击图 3-137 所示选项卡右侧的 ✔ 按钮，特征生成。

3.4.2 扫描实例 1

扫描实例 1 如图 3-139 所示。

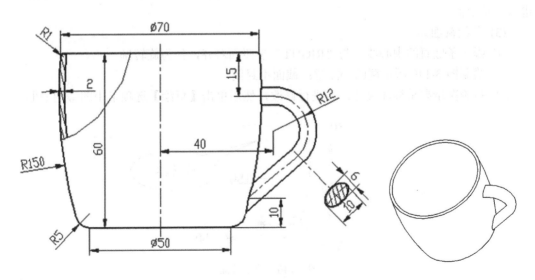

图 3-139 扫描实例 1

该模型的杯体部分为薄壁件，可以用旋转特征来建立，杯把部分可以通过扫描实体来建立。零件模型建立的过程见建模分析表 3-8。

表 3-8　扫描实例 1 的建模分析表

编号	特征	三维建模图	编号	特征	三维建模图
1	旋转 (薄壁件)		2	扫描	
3	倒全圆角				

1. 设定工作目录

按路径 "D:\chapter_3\3.4\example" 设定工作目录。

2. 建立文件

建立名为 sweep_1" 的文件，单位为 "mm"。

3. 创建旋转特征

(1) 单击【模型】→【形状】→【◇ᐤ 旋转】，即可打开【旋转】选项卡。

(2) 在【旋转】选项卡中，单击▢按钮，然后在图形窗口中单击 "FRONT" 基准面，进入 "草绘器"。

(3) 草绘截面。

① 画一条竖直的中心线，与 "RIGHT" 参照面对齐，作为旋转轴。

② 绘制图 3-140 所示截面。注意：截面不封闭。

③ 按照图纸要求标注尺寸，并进行修改，然后单击【草绘】选项卡中的✔按钮。

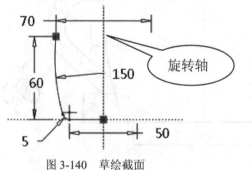

图 3-140　草绘截面

(4) 输入旋转角度和壁厚。如图 3-141 所示，输入 "旋转角度" 和 "壁厚值"。

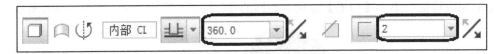

图 3-141　旋转角度和壁厚设置

(5) 生成特征。单击【旋转】选项卡右侧的 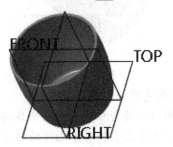 按钮,特征生成,如图 3-142 所示。

图 3-142　旋转特征

4. 创建扫描特征

(1) 草绘扫描轨迹。单击【模型】→【　草绘】,选择"FRONT"基准面作为草绘的平面,草绘图 3-143 所示的扫描轨迹,然后单击【草绘】选项卡中的 ✔ 按钮。

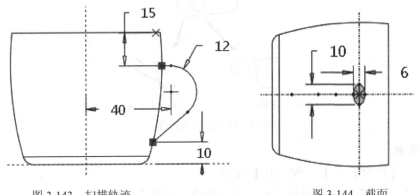

图 3-143　扫描轨迹　　　　　　　　　　图 3-144　截面

(2) 打开特征。单击【模型】→【　扫描】,打开【扫描】选项卡。

(3) 草绘截面。在【扫描】选项卡中,单击 按钮,进入"草绘器"。在水平和垂直中心线的交点处绘制截面,如图 3-144 所示,单击【草绘】选项卡中的 ✔ 按钮。

(4) 选择属性。在图 3-145 所示的【选项】选项卡中,选择【合并端】。

图 3-145　【选项】选项卡

(5) 完成特征。单击【扫描】选项卡右侧的 ✔ 按钮，特征生成，如图 3-146 所示。

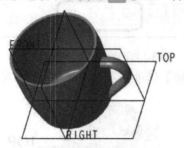

图 3-146　扫描特征

注意：合并终点与自由端点是有区别的。

① 合并终点：扫描特征的断点处与相连的几何实体特征相融合，如图 3-147(a)所示。

② 自由端点：轨迹端点虽然终止于和实体几何的相交处，但扫描端点并不相接触，如图 3-147(b)所示。

(a) 合并终点　　　　(b) 自由端点

图 3-147　不同的属性

5. 倒圆角

(1) 单击【模型】→【🔵 倒圆角】按钮。

(2) 按住 "Ctrl" 键的同时选择杯口的两条边，如图 3-148 所示。

(3) 在【倒圆角】选项卡中，单击【集】，再单击图 3-149 所示的 ▭ 完全倒圆角 ▭ 。

图 3-148　倒全圆角的边　　　　　图 3-149　【倒圆角】选项卡中的【集】

(4) 单击【倒圆角】选项卡右侧的 ✓ 按钮。

6. 保存文件

按照前面介绍的方法保存文件。

3.4.3 扫描实例 2

扫描实例 2 如图 3-150 所示。零件模型建立的过程见建模分析表 3-9。

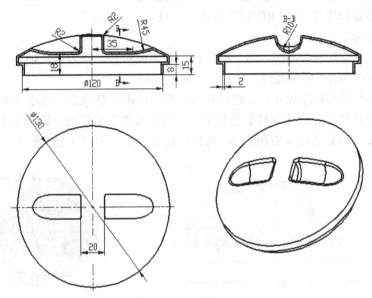

图 3-150 扫描实例 2

表 3-9 扫描实例 2 的零件建模分析表

编 号	特 征	三维模型	编 号	特 征	三维模型
1	旋转		2	扫描	
3	倒圆角		4	镜像	
5	抽壳				

1. 设定工作目录

按路径"D:\chapter_3\3.4\example"设定工作目录。

2. 建立文件

建立名为"sweep_2"的文件，单位为"mm"。

3. 创建旋转特征

(1) 单击【模型】→【◈旋转】，打开【旋转】选项卡。

(2) 在图形窗口中单击"FRONT"基准面，进入"草绘器"。

(3) 草绘截面。

① 绘制一条竖直的中心线，与"RIGHT"参照面对齐，作为旋转轴。

② 绘制如图 3-151 所示截面。注意：截面要封闭。

③ 按照图纸要求标注尺寸，并进行修改，然后单击"草绘器"选项卡中的✔按钮。

(4) 输入旋转角度。在【旋转】选项卡的"旋转角度"编辑框中输入角度值"360"。

(5) 单击【旋转】选项卡右侧的 ✔ 按钮，特征生成，如图 3-152 所示。

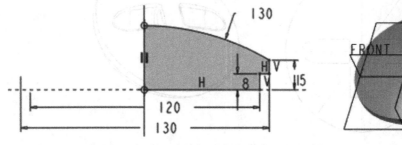

图 3-151　草绘截面　　　　　　　　图 3-152　旋转特征

4. 创建扫描特征

(1) 草绘轨迹。

① 单击【模型】→【⟋⟍草绘】，弹出【草绘】对话框。

② 选择"FRONT"基准面作为草绘平面，然后单击对话框中的 草绘 按钮，进入"草绘器"。

③ 在草绘窗口绘制如图 3-153 所示曲线。

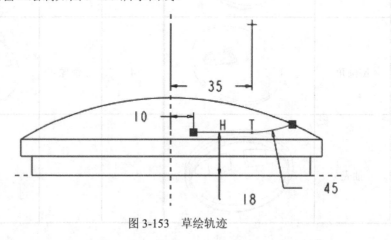

图 3-153　草绘轨迹

④ 单击【草绘】选项卡右侧的 ✓ 按钮。

(2) 打开特征。单击【模型】→【🗔扫描】，打开【扫描】选项卡。

(3) 在【扫描】选项卡中，如图 3-154 所示，单击 △ 按钮。

图 3-154　【扫描】选项卡

(4) 在图形窗口中选取上一步绘制的曲线作为扫描轨迹。

(5) 绘制截面。在图 3-154 所示的选项卡中，单击 ✏ 按钮，进入草绘界面。在水平和垂直中心线的交点处绘制截面，如图 3-155 所示，然后单击【草绘】选项卡中的 ✔ 按钮。

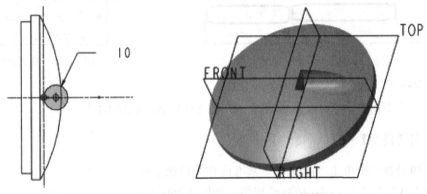

图 3-155　截面　　　　　　　图 3-156　扫描特征

(6) 选择去除材料的方向。保持默认的去除材料的方向。如果方向不正确，可以通过单击 "⚹" 按钮调整去除材料的方向，如图 3-156 所示。

5. 倒圆角

(1) 单击【模型】→【🖰倒圆角】按钮。

(2) 按住 "Ctrl" 键的同时选择要倒圆角的边，如图 3-157 所示。

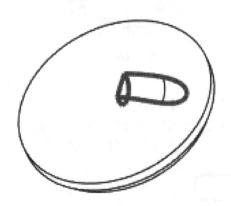

图 3-157　倒圆角的边

(3) 在【倒圆角】选项卡的圆角半径编辑框中输入半径值"2"。

(4) 单击【倒圆角】选项卡右侧的 ✓ 按钮。

6. 特征成组

在"模型树"或窗口中，按住"Ctrl"键的同时选中"扫描 1"和"倒圆角 1"特征，然后单击右键，在弹出的快捷菜单中选择【分组】→【组】，如图 3-158 和图 3-159 所示。

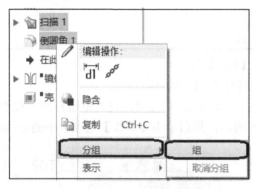

图 3-158　【组】快捷菜单

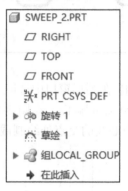

图 3-159　模型树

7. 镜像特征

(1) 在"模型树"中选中上一步建立的"组 LOACAL_GROUP"。

(2) 单击【模型】→【 ⬚◖ 镜像 】按钮。

(3) 在图形窗口中单击"RIGHT"基准面作为镜像平面。

(4) 单击【镜像】选项卡中的 ✓ 按钮，如图 3-160 所示。

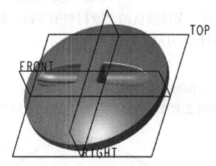

图 3-160　镜像特征

8. 建立壳体

(1) 单击【模型】→【 ▣ 壳 】按钮。

(2) 在图形窗口中单击选择模型的底面作为要删除的面。

(3) 在【壳】选项卡中，在"厚度"编辑框中输入值"2"，如图 3-161 所示。

图 3-161　【壳】选项卡

(4) 在【壳】选项卡中，单击右侧的 ✅ 按钮，则零件模型如图 3-162 所示。

图 3-162　壳特征

9. 保存文件

按照前面介绍的方法保存文件。

3.4.4　变截面扫描实例

变截面扫描实例如图 3-163 所示。

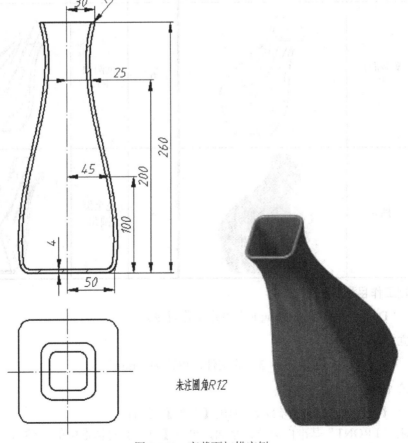

图 3-163　变截面扫描实例

零件模型建立的过程见建模分析表 3-10。

表 3-10　可变截面扫描实例的零件建模分析表

编号	特征	三维建模图	编号	特征	三维建模图
1	草绘 1		2	草绘 2	
3	阵列草绘 2		4	基准点	
5	变截面扫描		6	倒圆角 R12	
7	抽壳		8	完全倒圆角	

1. 设定工作目录

按路径"D:\chapter_3\3.4\example"设定工作目录。

2. 建立文件

建立名为"var_section_sweep_3"的文件，单位为"mm"。

3. 草绘 1

(1) 单击【模型】→【◡草绘】，弹出【草绘】对话框。

(2) 选择"FRONT"基准面为草绘平面，单击【草绘】对话框中的 █ 草绘 █ 按钮，进入"草绘器"。

(3) 绘制图 3-164 所示的直线，然后单击"草绘器"中的 ✔ 按钮。

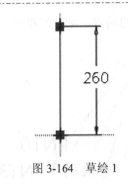

图 3-164 草绘 1

4. 草绘 2

按上一步的方法，以"FRONT"基准面作为草绘的平面，绘制如图 3-165 所示的样条曲线。

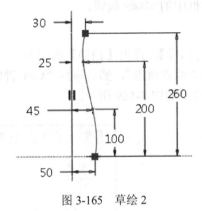

图 3-165 草绘 2

5. 阵列草绘 2

以坐标系的 Y 轴为阵列参考，对草绘 2 进行阵列，数量为 4，夹角为 90°，阵列后如图 3-166 所示。

图 3-166 草绘 2 阵列

6. 创建基准点

(1) 单击【模型】→【点】，弹出【基准点】对话框。

(2) 单击图 3-167 所示草绘线条的端点，创建基准点。

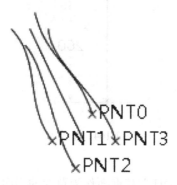

图 3-167　基准点

(3) 单击【基准点】对话框中的 确定 按钮。

7. 扫描

(1) 单击【模型】→【🕮扫描】，弹出【扫描】选项卡。

(2) 单击 "草绘 1" 作为 "原点轨迹"，然后按住 "Ctrl 键的同时选取四条样条曲线，如图 3-168 所示，【参考】选项卡如图 3-169 所示。

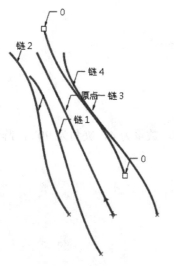

图 3-168　扫描参考

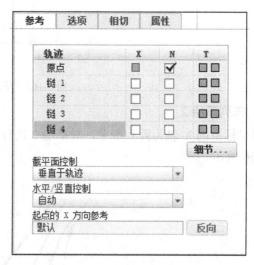

图 3-169　【参考】选项卡

(3) 设置选项卡选项，如图 3-170 所示。

图 3-170　【扫描】选项卡

（4）绘制截面。单击【扫描】选项卡中的  按钮，进入"草绘器"，截面如图 3-171 所示，最后单击"草绘器"中的 ✔ 按钮。注意：四条边分别通过基准点 PNT0、PNT1、PNT2 和 PNT3。

（5）单击鼠标中键，特征生成，如图 3-172 所示。

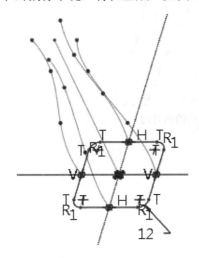

图 3-171　截面

图 3-172　扫描特征

8. 倒圆角

对扫描特征底部的边倒圆角 R12。

9. 抽壳

（1）单击【模型】→【 ▣壳】，弹出【壳】选项卡。

（2）单击扫描特征上表面，作为移除面。

（3）在【壳】选项卡的"厚度"编辑框中输入"4"。

（4）单击鼠标中键，特征生成，如图 3-173 所示。

图 3-173　抽壳

10. 倒圆角

选中模型口部的两条对边，如图 3-174 所示，进行完全倒圆角。

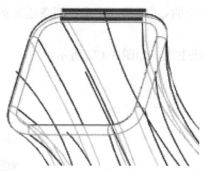

图 3-174　完全倒圆角的两对边

11. 保存文件

按照前面介绍的方法保存文件。

3.4.5　扫描特征的编辑

1. 零件分析

图 3-175 所示的零件模型与扫描实例 1 相比，区别在于扫描特征的轨迹和截面不同。

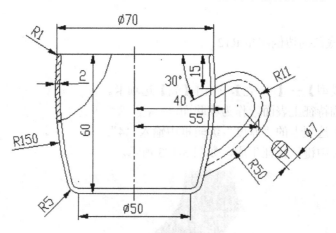

图 3-175　特征编辑实例

2. 打开文件并保存副本

按路径"D:\chapter_3\3.4\example\sweep_1.prt"打开文件。在菜单中选择【文件】→【另存为】→【保存副本】，弹出【保存副本】对话框，在对话框中选择目录"D:\chapter_3\3.4\example"，"文件名"设为"sweep_edit_1"。

3. 打开副本文件

按路径"D:\chapter_3\3.4\example\sweep_edit_1.prt"打开文件。

4. 修改轨迹

(1) 在"模型树"中，单击"扫描 1"特征前面的 ▶按钮。

(2) 鼠标右键单击"草绘 1"，在弹出的快捷菜单中选择 🖌 按钮，进入"草绘器"。

(3) 绘制图 3-176 所示的扫描轨迹。

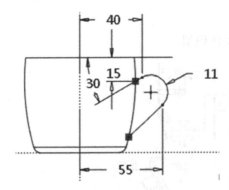

图 3-176   扫描轨迹

(4) 单击【草绘】选项卡中的 ✔ 按钮，轨迹修改完成。

5. 修改截面

(1) 在"模型树"中，右键单击特征"扫描 1"，在弹出的快捷菜单中选择 🥄 按钮。

(2) 在【扫描】选项卡中单击 ▭ 按钮，进入"草绘器"。

(3) 在草绘窗口中修改截面，如图 3-177 所示。

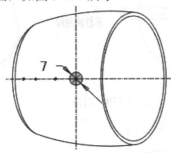

图 3-177   修改的截面

(4) 单击【草绘】选项卡中的 ✔ 按钮。

(5) 在【扫描】选项卡中，单击右侧的 ✔ 按钮，特征生成，如图 3-178 所示。

图 3-178   修改后的模型

6. 保存文件

按照前面介绍的方法保存文件。

3.4.6 习题

1. 根据图 3-179 建立实体模型。

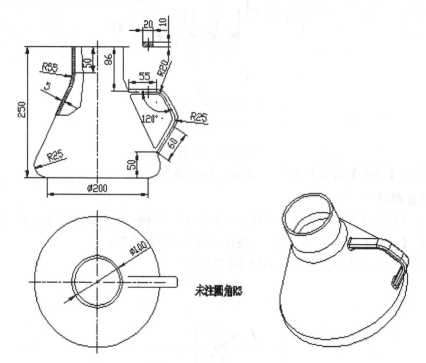

图 3-179 习题 1 附图

2. 根据图 3-180 建立实体模型。

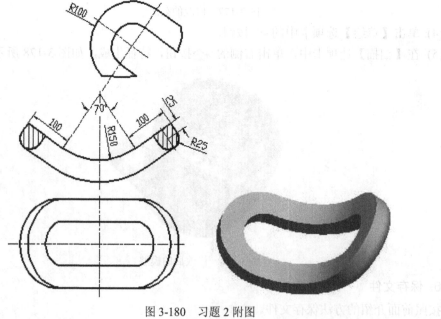

图 3-180 习题 2 附图

3. 根据图 3-181 建立实体模型。

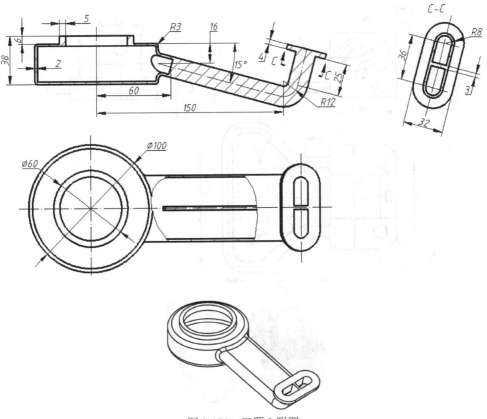

图 3-181　习题 3 附图

4. 根据图 3-182 建立实体模型。

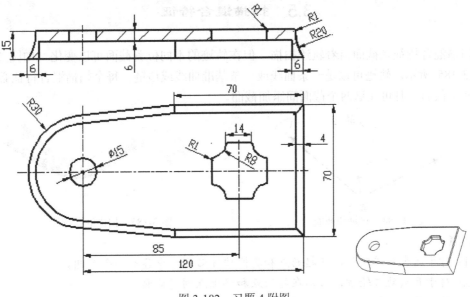

图 3-182　习题 4 附图

5. 根据图 3-183 建立实体模型。

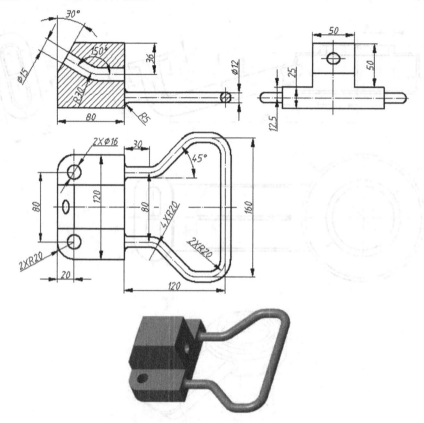

图 3-183 习题 5 附图

3.5   扫描混合特征

扫描混合特征是截面沿着轨迹扫描，但在轨迹的不同位置截面可以变化，如图 3-184 和图 3-185 所示。轨迹可以是一条曲线或一条基准曲线或边链。每个扫描混合特征必须至少有两个截面，且可在这两个截面间添加截面。

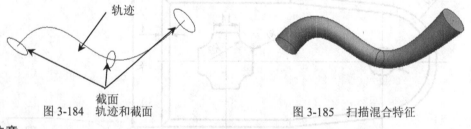

图 3-184 轨迹和截面   图 3-185 扫描混合特征

注意：

(1) 对于闭合轨迹轮廓，在起始点和其他位置必须至少各有一个截面。

(2) 对于开放轨迹轮廓，必须在起始点和终止点创建截面。

(3) 所有截面必须包含相同的图元数。

3.5.1 扫描混合特征介绍

下面详细介绍扫描混合特征的选项及建立过程。

1. 打开"扫描混合"特征

单击【模型】→【🗇扫描混合】，打开【扫描混合】选项卡，如图 3-186 所示。

图 3-186 【扫描混合】选项卡

2. 轨迹创建

轨迹创建的方式有两种：

(1) 草绘轨迹。单击【模型】→【🔍草绘】，草绘扫描轨迹。

(2) 选择轨迹。如果在扫描前已经创建好轨迹，则可以在图形窗口中直接选择轨迹。

3. 选取"原点轨迹"

(1) 选取图 3-187(a)所示的轨迹曲线，作为"原点轨迹"，则【扫描混合】选项卡的【参考】选项如图 3-188 所示。

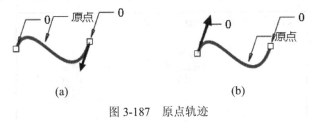

(a)   (b)

图 3-187 原点轨迹

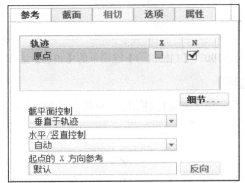

图 3-188 【扫描混合】选项卡的【参考】选项

注意：【截平面控制】的缺省项为【垂直于轨迹】，这表示截面平面在整个长度上保持垂直于"原始轨迹"，与普通的扫描类似。

(2) 调整"原点轨迹"的方向。单击图 3-187(a)中的箭头，则轨迹反向，如图 3-187(b)所示。

4. 选取截面的类型

单击选项卡中的【截面】选项，如图 3-189 所示。

图 3-189   【扫描混合】选项卡的【截面】选项

(1) 如果单击【草绘截面】，则要在窗口中的轨迹上选取轨迹的端点，再单击 草绘 按钮，进入"草绘器"，绘制截面，完成后退出草绘窗口；然后单击【截面】选项中的 插入 按钮，按上述方法在其他位置点绘制截面。

(2) 如果选中【选定截面】，则要在窗口中选取第一个截面；然后单击 插入 按钮，并选取其他位置点的截面。

5. 设置选项卡的【相切】选项

【相切】选项可定义扫描混合的端点和相邻模型几何间的关系，如图 3-190 所示。

图 3-190   【扫描混合】选项卡的【相切】选项

6. 设置选项卡的【选项】

此选项可启用特定设置，用于控制扫描混合的截面之间部分的形状，如图 3-191 所示。

图 3-191   【扫描混合】选项卡的【选项】选项

7. 修改特征名称

在【扫描混合】选项卡中单击【属性】，在【名称】编辑框中可以修改特征的名称。点

击 🛈 按钮可在浏览器中打开特征信息。

8. 完成特征的建立

在【扫描混合】选项卡中单击 ✔ 按钮，或单击鼠标中键，完成特征的建立。

3.5.2　扫描混合实例 1

扫描混合实例 1 如图 3-192 所示。

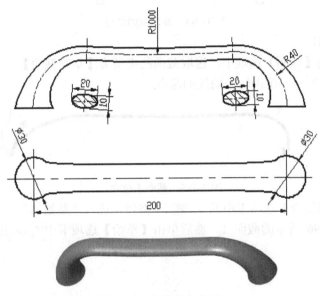

图 3-192　扫描混合实例 1

1. 设定工作目录

设定工作目录为"D:\chapter_3\3.5\example"。

2. 建立文件

建立名为"swept_blend_1"的文件，单位为"mm"。

3. 草绘轨迹

(1) 单击【模型】→【🖉 草绘】，弹出【草绘】对话框。

(2) 单击绘图窗口中的"FRONT"基准面作为草绘的平面，草绘方向按默认设置，单击 草绘 按钮，进入"草绘器"。

(3) 在草绘窗口中，绘制图 3-193 所示的曲线，并修改尺寸，然后单击【草绘】选项卡中的 ✔ 按钮。

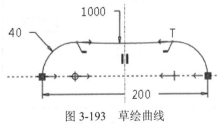

图 3-193　草绘曲线

4. 创建扫描混合特征

(1) 单击【模型】→【🖋扫描混合】，打开【扫描混合】选项卡。

(2) 选取原点轨迹。单击选取上一步建立的曲线，如图 3-194 所示，作为"原点轨迹"。

图 3-194　被选取的轨迹

(3) 绘制截面 1。

① 在选项卡的【截面】选项中，选取截面的类型为【草绘截面】。

② 如图 3-195 所示，单击轨迹曲线的起点。

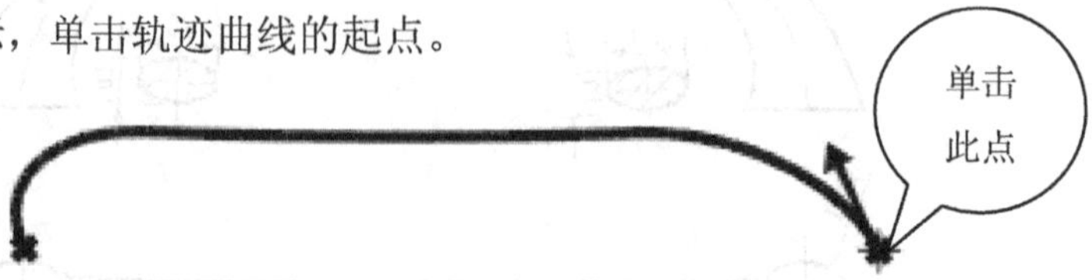

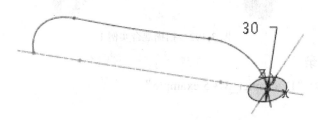

图 3-195　截面 1 位置

③ 单击【扫描混合】选项卡中的 草绘 按钮，进入"草绘器"。

④ 绘制图 3-196 所示的截面 1，然后单击【草绘】选项卡中的 ✔ 按钮，返回【扫描混合】选项卡。

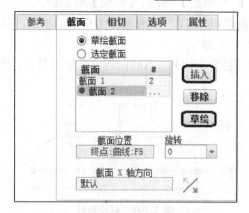

图 3-196　截面 1

(4) 绘制截面 2。

① 在图 3-197 所示的【截面】选项中，单击 插入 按钮。

图 3-197　【截面】选项

② 在图形窗口中单击图 3-198 所示的点。

图 3-198　截面 2 位置

③ 单击图 3-197 选项卡中的 草绘 按钮，进入"草绘器"。

④ 绘制图 3-199 所示的截面，然后单击【草绘】选项卡中的 ✔ 按钮，返回【扫描混合】选项卡。

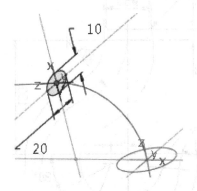

图 3-199　截面 2

(5) 绘制截面 3。按上述步骤绘制截面 3，如图 3-200 所示。

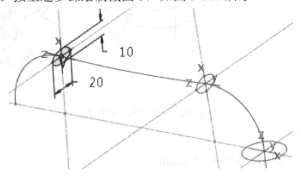

图 3-200　截面 3

(6) 绘制截面 4。按上述步骤绘制截面 4，如图 3-201 所示。

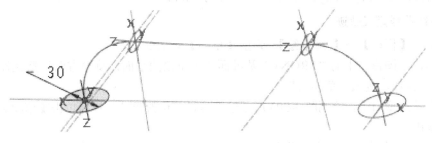

图 3-201　截面 4

(7) 单击鼠标中键，完成特征的建立。

5. 保存文件

按照前面介绍的方法保存文件。

3.5.3 扫描混合实例 2

扫描混合实例 2 如图 3-202 所示。

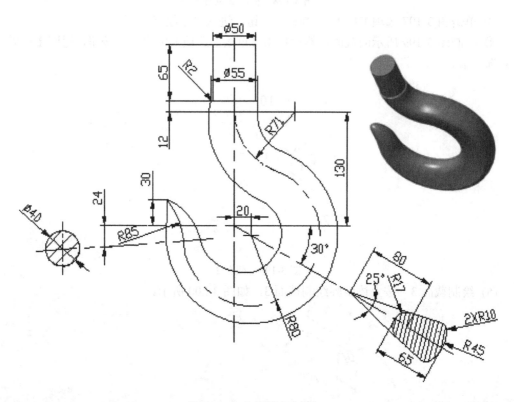

图 3-202　扫描混合实例 2

1. 设定工作目录

设定工作目录为 "D:\chapter_3\3.5\example"。

2. 建立文件

建立名为 "swept_blend_2" 的文件，单位为 "mm"。

3. 草绘曲线定义轨迹

(1) 单击【模型】→【　草绘】，弹出【草绘】对话框。

(2) 单击绘图窗口中的 "FRONT" 基准面作为草绘的平面，草绘方向按默认设置，单击 ▊草绘▊ 按钮，进入"草绘器"。

(3) 在草绘窗口中，绘制图 3-203 所示的曲线，并修改尺寸，然后单击【草绘】选项卡中的✔按钮。

注意：曲线在第二个截面位置要断开。

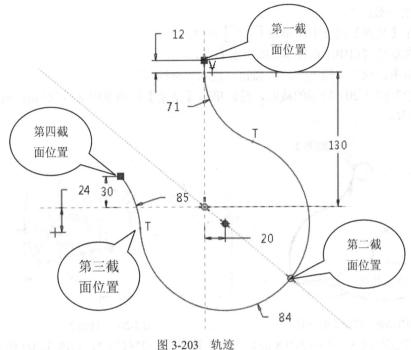

图 3-203　轨迹

4. 创建扫描混合特征

(1) 单击【模型】→【 🖊扫描混合】，打开【扫描混合】选项卡。

(2) 选取原点轨迹。单击选取上一步建立的曲线，作为"原点轨迹"。

(3) 绘制截面 1。

① 在选项卡的【截面】选项中，选取截面的类型为【草绘截面】。

② 如图 3-204 所示，单击轨迹曲线的起点。

③ 单击【截面】选项中的 草绘 按钮，进入"草绘器"。

④ 绘制图 3-205 所示的截面。绘制截面时，要在中心线与圆相交的地方利用【⌒断开】按钮断开。截面绘制完后单击【草绘】选项卡中的 ✔ 按钮，返回【扫描混合】选项卡。

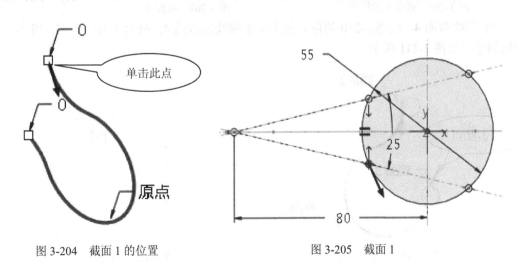

图 3-204　截面 1 的位置　　　　　　　　图 3-205　截面 1

(4) 绘制截面 2。

① 在【截面】选项中，单击 [插入] 按钮。

② 在草绘窗口中单击图 3-206 所示的点。

③ 单击选项卡中的 [草绘] 按钮，进入"草绘器"。

④ 绘制图 3-207 所示的截面，然后单击【草绘】选项卡中的 ✔ 按钮，返回【扫描混合】选项卡。

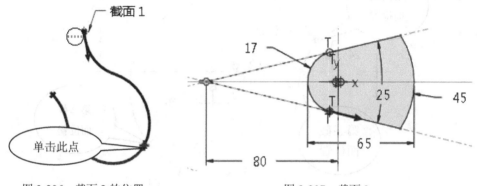

图 3-206　截面 2 的位置　　　　　　　　图 3-207　截面 2

(5) 绘制截面 3。在图 3-208 的位置按上述步骤绘制截面 3，如图 3-209 所示。

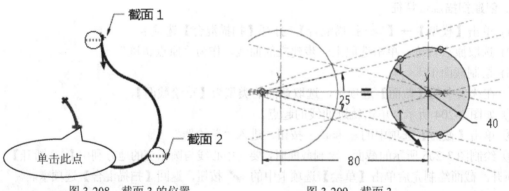

图 3-208　截面 3 的位置　　　　　　　　图 3-209　截面 3

(6) 草绘截面 4。在图 3-210 的位置按上述步骤绘制截面 4，截面 4 为一个点，用 [× 点] 按钮创建，如图 3-211 所示。

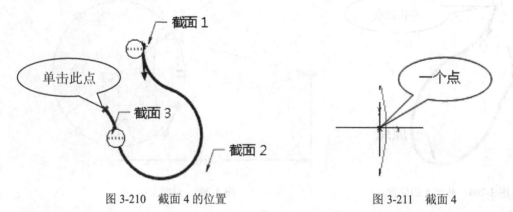

图 3-210　截面 4 的位置　　　　　　　　图 3-211　截面 4

(7) 设置相切属性。如图 3-212 所示,【终止截面】的条件选为【平滑】。

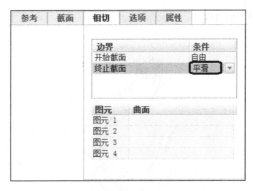

图 3-212　【相切】选项

(8) 单击鼠标中键,完成特征的建立。

5. 创建拉伸特征

(1) 单击【模型】→【拉伸】按钮。

(2) 单击扫描混合特征的顶面,作为草绘的平面,进入"草绘器"。

(3) 绘制如图 3-213 所示的截面,并标注尺寸,然后单击"草绘器"中的✔按钮。

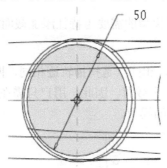

图 3-213　拉伸截面

(1) 在【拉伸】选项卡的深度编辑框中输入深度值"65"。

(2) 单击鼠标中键,特征生成。

6. 倒圆角 R10

倒圆角的边如图 3-214 所示。

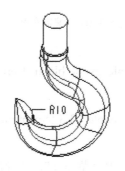

图 3-214　倒圆角 R10 的边

7. 倒圆角 R2

倒圆角的边如图 3-215 所示。

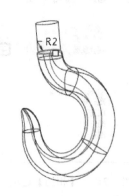

图 3-215　倒圆角 R2 的边

8. 保存文件

按照前面介绍的方法保存文件。

3.5.4　扫描混合特征的编辑实例 1

用户在建模时，可以根据模型的需要为特征添加截面。

1. 零件分析

图 3-216 和图 3-192 相比，相同点是扫描轨迹相同，四个截面的位置及截面形状相同；不同点是图 3-216 的模型有 5 个截面。因此，用户只需在图 3-192 模型的基础上添加一个截面就可以创建图 3-216 所示的模型。

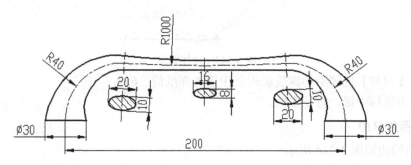

图 3-216　编辑实例 1

2. 打开文件

按路径 "D:\chapter_3\3.5\example\swept_blend_1.prt" 打开文件。

3. 保存副本并打开副本文件

副本文件的路径及名称为 "D:\chapter_3\3.5\example\swept_blend_edit_1.prt"。

4. 扫描轨迹编辑

(1) 在"模型树"中右键单击选中"草绘 1"，从弹出的快捷菜单中选择 🥄 按钮，进入"草绘器"。

（2）在草绘窗口中，单击 分割 按钮，然后单击圆弧 R1000 的中点，使圆弧在中间断开，如图 3-217 所示。

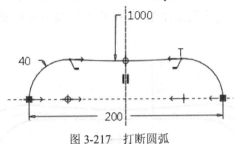

图 3-217　打断圆弧

（3）单击"草绘器"中的✔按钮，完成编辑。

5. 特征编辑(添加截面)

（1）在图形窗口或"模型树"中右键单击"扫描混合 1"特征，从弹出的快捷菜单中选择 按钮。

（2）在【扫描混合】选项卡中，打开【截面】选项，在【截面】编辑框中单击选中"截面 2"，然后单击 插入 按钮，"截面 3"出现。

（3）在图形窗口中单击截面插入的位置点，如图 3-218 所示。

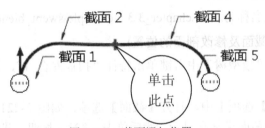

图 3-218　截面添加位置

（4）单击选项卡中的 草绘 按钮，进入"草绘器"。

（5）绘制图 3-219 所示的截面，然后单击【草绘】选项卡中的✔按钮，返回【扫描混合】选项卡。

图 3-219　添加的截面

（6）单击鼠标中键，完成特征编辑。

6. 保存文件

按照前面介绍的方法保存文件。

3.5.5　扫描混合特征的编辑实例 2

用户在建模时，可以根据模型的需要删除特征的截面。

1. 零件分析

图 3-220 和图 3-216 的相同点是扫描轨迹相同，部分截面形状相同；不同点是图 3-216 的模型有 5 个截面。因此，用户只需在图 3-216 所对应模型的基础上，删除截面 2 和 3，并修改剖面 4 的位置。

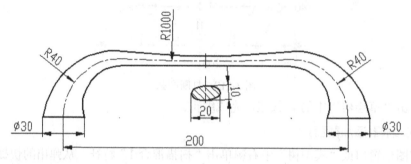

图 3-220　修改前模型的二维平面图

2. 打开文件

按路径 "D:\chapter_3\3.5\example\swept_blend-edit_1.prt" 打开文件。

3. 保存副本并打开副本文件

副本文件的路径及名称为 "D:\chapter_3\3.5\example\swept_blend_edit_2.prt"。

4. 特征编辑(删除截面及修改剖面的位置)

(1) 在图形窗口或 "模型树" 中右键单击特征 "扫描混合 1"，从弹出的快捷菜单中选择 🖱 按钮。

(2) 在【扫描混合】选项卡中，打开【截面】选项，如图 3-221 所示选中 "截面 2"，则图形窗口中被选中的截面呈高亮显示，然后单击 🔲移除 按钮，截面 2 被删除。按同样的方法，删除截面 3。

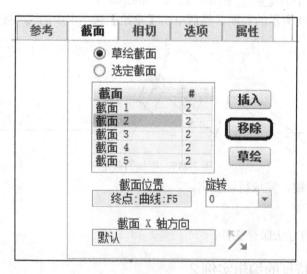

图 3-221　【截面】选项

(3) 在【截面】选项卡中单击选中 "截面 2"，如图 3-222 所示。

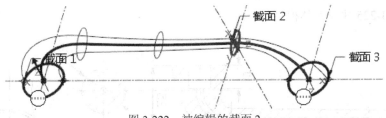

图 3-222　被编辑的截面 2

(4) 在【扫描混合】选项卡的【截面】选项中，单击【截面位置】编辑框，然后在图形窗口中单击圆弧 R1000 的中点，则"截面 2"移到该位置，如图 3-223 所示。

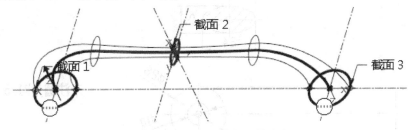

图 3-223　截面 2 的位置编辑后的状态

(5) 单击鼠标中键，完成特征编辑。

3.5.6　习题

1. 按图 3-224 建立实体模型。

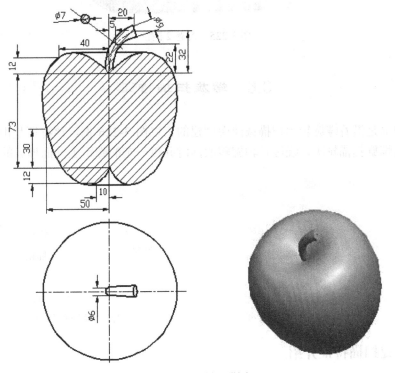

图 3-224　习题 1 附图

2. 按图 3-225 建立实体模型。

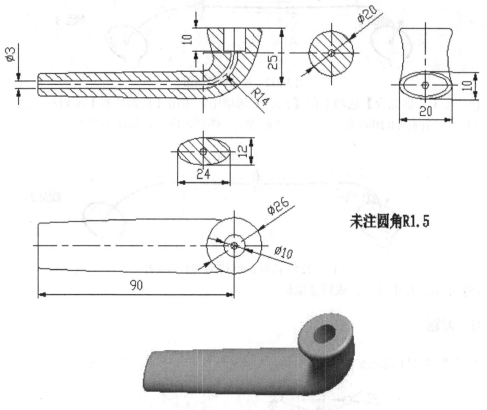

图 3-225   习题 2 附图

3.6   螺旋扫描特征

螺旋扫描是沿着螺旋轮廓扫描截面而创建的。以图 3-226 例，该特征是由图 3-227 中的截面沿着螺旋扫描轮廓，绕旋转轴旋转的同时并以一定的螺距上升而形成的。

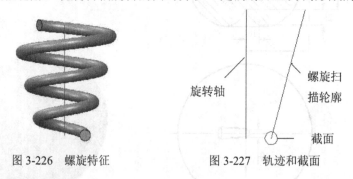

图 3-226   螺旋特征   图 3-227   轨迹和截面

3.6.1 螺旋扫描特征介绍

下面以图 3-226 的特征详细介绍螺旋扫描特征的选项及建立过程。

1. 打开"螺旋扫描"特征

单击【模型】，按图 3-228 所示单击 ꟿꟿꟿ 螺旋扫描 按钮，打开【螺旋扫描】选项卡，如图 3-229 所示。

图 3-228　【形状】选项卡

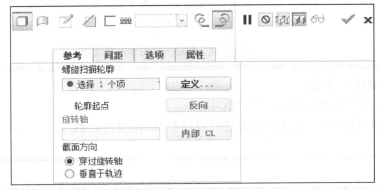

图 3-229　【螺旋扫描】选项卡

2. 设置草绘平面

单击【参考】选项中的 定义… 按钮，如图 3-229 所示，弹出【草绘】对话框。在图形窗口中单击"FRONT"基准面作为草绘平面，然后单击 草绘 按钮。

注意：

【垂直于轨迹】——横截面方向垂直于轨迹(或旋转面)，如图 3-230(a)所示。

【穿过旋转轴】——横截面位于穿过旋转轴的平面内，如图 3-230(b)所示。

⟲——使用右手规则定义轨迹，如图 3-230(c)所示。

⟳——使用左手规则定义轨迹，如图 3-230(d)所示。

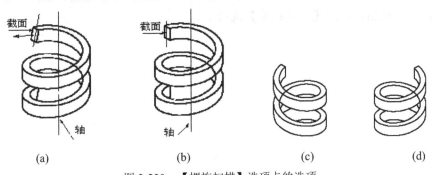

(a)　　　　　　(b)　　　　　　(c)　　　　　　(d)

图 3-230　【螺旋扫描】选项卡的选项

3. 绘制扫描轨迹

绘制图 3-231 所示的扫描轮廓，然后单击【草绘】选项卡中的 ✔ 按钮，返回【螺旋扫描】选项卡。

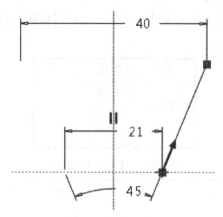

图 3-231   螺旋扫描轮廓及旋转轴

扫描轨迹注意事项：

(1) 绘制的图元必须形成一个开放环。

(2) 螺旋扫描轮廓图元的切线在任何点都不得垂直于中心线。

旋转轴注意事项：

(1) 如果在螺旋扫描轮廓草绘中绘制了几何中心线，则几何中心线被选定为旋转轴，同时 内部 CL 出现在【参考】选项的【旋转轴】收集器中。

(2) 如果螺旋扫描轮廓草绘不包含几何中心线，单击【旋转轴】收集器，在图形窗口或"模型树"中选择一条直曲线、边、轴或坐标系的轴，但选定的参考必须位于草绘平面上。

4. 绘制截面

在【螺旋扫描】选项卡中，单击 📝 按钮，绘制图 3-232 所示的截面，然后单击【草绘】选项卡中的 ✔ 按钮，返回【螺旋扫描】选项卡。

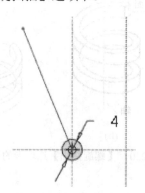

图 3-232   截面

5. 输入节距值

在图 3-229 的选项卡中，单击 ⚙⚙⚙ 右侧的节距编辑框，输入节距值 "8"。

6. 关闭【螺旋扫描】对话框

单击鼠标中键，完成特征创建。

3.6.2　螺旋扫描实例 1

螺旋扫描实例 1 如图 3-233 所示。

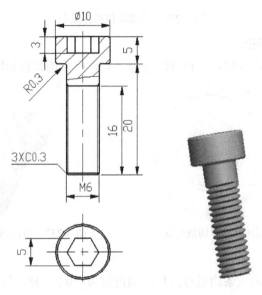

图 3-233　螺旋扫描实例 1

1. 设定工作目录

设定工作目录为 "D:\chapter_3\3.6\example"。

2. 建立文件

建立名为 "helical_sweep_1" 的文件，单位为 "mm"。

3. 建立圆柱拉伸特征

(1) 单击【模型】→【🗔 拉伸】按钮。

(2) 在图形窗口中单击 "TOP" 基准面作为草绘的平面，进入 "草绘器"。

(3) 绘制如图 3-234 所示的截面，并标注尺寸，然后单击 "草绘器" 中的 ✔ 按钮。

(4) 设置 "深度值" 为 "20"，然后单击鼠标中键，特征生成。

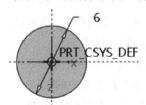

图 3-234　圆柱拉伸截面

4. 建立顶部圆柱拉伸特征

顶部圆柱拉伸特征的截面如图 3-235 所示，拉伸深度为 "5"。

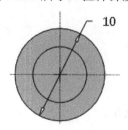

图 3-235   顶部圆柱拉伸截面

5. 创建拉伸切割特征

特征的截面如图 3-236 所示，拉伸深度为 "3"，产生的特征如图 3-237 所示。

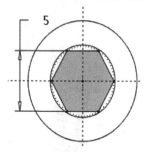   

图 3-236   拉伸切割的截面   图 3-237   拉伸切割特征

6. 创建倒角特征

选择图 3-238 所示的三条边进行倒角，倒角值为 "0.3 × 45°"。

图 3-238   倒角的边

7. 创建螺旋扫描特征。

(1) 打开 "螺旋扫描" 特征。单击【模型】，再单击 ✉扫描 ▾ 右侧的箭头，然后单击 ⚙️ 螺旋扫描 按钮，打开【螺旋扫描】选项卡。

(2) 选项设置。在【螺旋扫描】选项卡中，单击 ◲ 按钮。

(3) 设置草绘的平面。单击【参考】选项中的 定义… 按钮，弹出【草绘】对话框。在图形窗口中单击 "FRONT" 基准面作为草绘的平面，然后单击 草绘 按钮。

(4) 绘制扫描轨迹。绘制图 3-239 所示的扫描轨迹，然后单击【草绘】选项卡中的 ✔ 按钮，返回【螺旋扫描】选项卡。

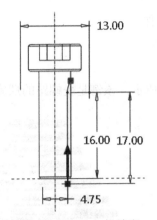

图 3-239 螺旋扫描轮廓

(5) 绘制截面。在【螺旋扫描】选项卡中，单击 按钮，绘制图 3-240 所示的截面，然后单击【草绘】选项卡中的 按钮，返回【螺旋扫描】选项卡。

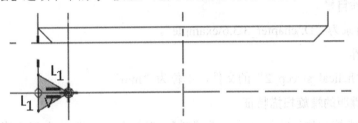

图 3-240 扫描截面

(6) 输入节距值。在 右侧的节距编辑框中输入节距值 "1"。

(7) 关闭【螺旋扫描】对话框。单击【螺旋扫描】选项卡中的 按钮，或单击鼠标中键，结束特征创建。

8. 倒圆角

倒圆角的边如图 3-241 所示，圆角半径为 R0.3。

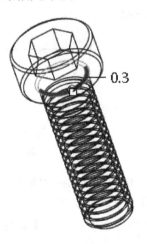

图 3-241 倒圆角的边

9. 保存文件

按照前面介绍的方法保存文件。

3.6.3 螺旋扫描实例 2

螺旋扫描实例 2 如图 3-242 所示，该例是变螺距的螺旋扫描。

图 3-242　螺旋扫描实例 2

1. 设定工作目录

设定工作目录为 "D:\chapter_3\3.6\example"。

2. 建立文件

建立名为 "helical_sweep_2" 的文件，单位为 "mm"。

3. 创建变螺距的螺旋扫描特征

(1) 打开 "螺旋扫描" 特征。单击【模型】，再单击 ⟨扫描 ⟩ 右侧的箭头，然后单击 ⟨螺旋扫描⟩ 按钮，打开【螺旋扫描】选项卡。

(2) 设置草绘的平面。单击【参考】选项中的 ⟨定义...⟩ 按钮，弹出【草绘】对话框。在图形窗口中单击 "FRONT" 基准面作为草绘平面，然后单击 ⟨草绘⟩ 按钮。

(3) 绘制扫描轮廓。绘制图 3-243 所示的扫描轮廓，然后单击【草绘】选项卡中的 ✔ 按钮，返回【螺旋扫描】选项卡。

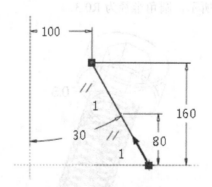

图 3-243　螺旋扫描轮廓

注意：必须把扫描轮廓在线段的中点处断开。

(4) 选择旋转轴。在【参考】选项卡中，单击【旋转轴】编辑框，然后在图形窗口中单击 "Y 轴"，如图 3-244 所示。

图 3-244　【参考】选项

　　(5) 绘制截面。在【螺旋扫描】选项卡中，单击 ⬚ 按钮，绘制图 3-245 所示的截面，然后单击【草绘】选项卡中的 ✔ 按钮，返回【螺旋扫描】选项卡。

10

图 3-245　螺旋扫描的截面

　　① 输入节距值。在 ∞∞ 右侧的节距编辑框中输入节距值 "15"。

　　② 在【间距】选项的空白处，单击右键，从弹出的快捷菜单中选择【添加螺距点】，在 "间距" 编辑框中输入 "15"，如图 3-246 所示。

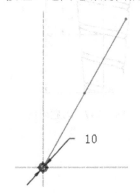

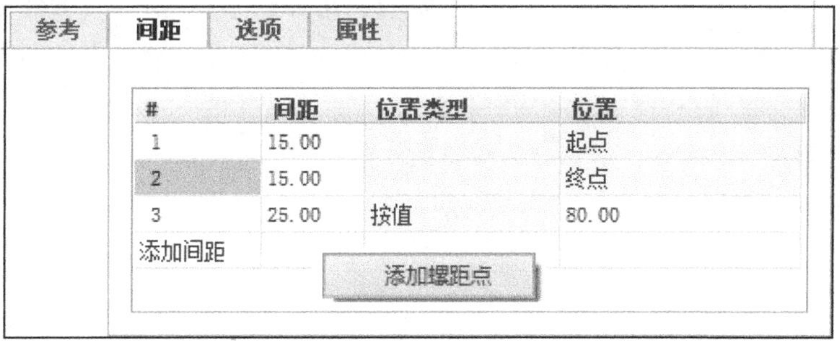

#	间距	位置类型	位置
1	15.00		起点
2	15.00		终点
3	25.00	按值	80.00
添加间距			

图 3-246　【间距】选项

　　注意： 系统自动把位置定义为 "终点"。

　　③ 在【间距】选项的空白处，单击右键，从弹出的快捷菜单中选择【添加螺距点】，然后在图形窗口中单击轨迹线段的断开点，并在 "间距" 编辑框中输入 "25"。

　　(6) 关闭【螺旋扫描】对话框。单击【螺旋扫描】选项卡中的 ✔ 按钮，或单击鼠标中键，结束特征创建。

4. 保存文件

按照前面介绍的方法保存文件。

3.6.4 习题

建立如图 3-247 所示的实体模型。

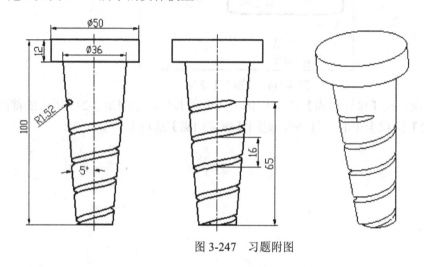

图 3-247　习题附图

第4章　工程特征及实例

本章主要介绍 Creo 3.0 实体建模时常用的工程特征。工程特征包括孔特征、筋特征、壳特征、拔模特征、倒圆角特征和倒角特征。文中以实例的形式介绍这些特征的应用，使用户在练习过程中熟练掌握特征的建立及编辑。

4.1 孔 特 征

孔特征可以用来建立简单孔和标准孔。

在上一章中，孔用切口来建立，孔特征与切口特征的不同之处在于：简单直孔和标准孔不需要草绘，放置方式更符合设计意图。因此，后面章节中的孔都用孔特征来建立。

4.1.1 孔特征介绍

下面详细介绍孔特征的选项及建立过程。

1. 打开"孔"特征

单击【模型】→ 孔，打开【孔】选项卡，如图 4-1 所示。

图 4-1　【孔】选项卡

2. 选择孔类型

灵活应用孔特征可以创建各种类型的孔，如表 4-1 所示。

表 4-1　常用的孔类型

孔类型	孔轮廓定义选项	孔特点	孔 形 状
简单孔		直孔	

续表

孔类型	孔轮廓定义选项	孔特点	孔 形 状
简单孔		使用标准孔轮廓作为钻孔轮廓	
		使用草绘定义钻孔轮廓	
标准孔		创建螺纹孔	

3. 选择放置参考

选择轴、面或点作为放置参考，如图 4-2 所示。

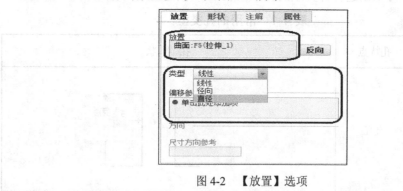

图 4-2 【放置】选项

4. 确定孔类型

孔的定位方式常用的有四种，即线性、径向、直径及同轴，如图 4-2 所示。

(1) 线性定位：利用孔到两条边或两个面之间的线性尺寸进行定位，如图 4-3 和图 4-4 所示。

图 4-3　"线性"偏移参考

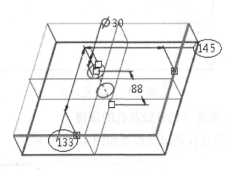

图 4-4　线性孔

(2) 径向定位：利用一个线性尺寸和一个角度尺寸进行定位，如图 4-5 和图 4-6 所示。

图 4-5　"径向"偏移参考

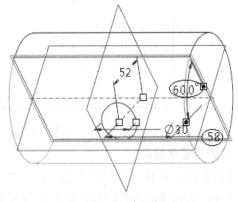

图 4-6　径向孔

(3) 直径定位：用以轴作为参照的线性尺寸和以平面为参照的角度尺寸进行定位，如图 4-7 和图 4-8 所示。

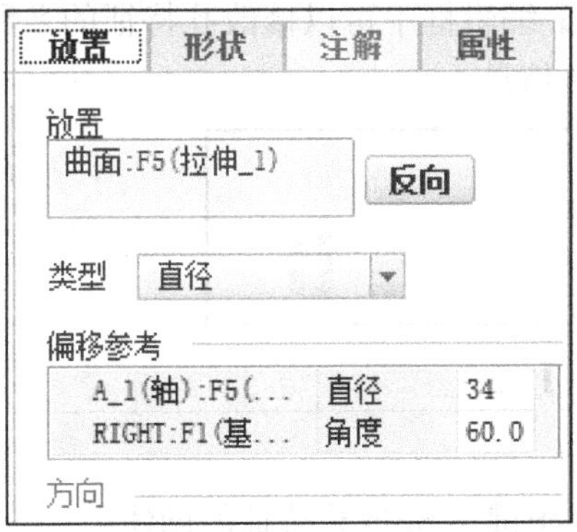

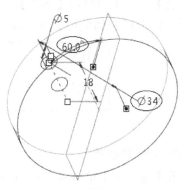

图 4-7　"直径"偏移参考

图 4-8　直径孔

(4) 同轴定位：同轴孔的定位采用放置面和轴作参照，如图 4-9 和图 4-10 所示。

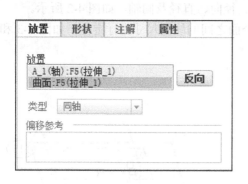

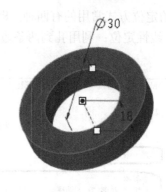

图 4-9　同轴孔放置　　　　　　　　　　　　　图 4-10　同轴孔

5. 设置孔的直径及孔的深度

孔的直径及深度设置如图 4-11 所示。

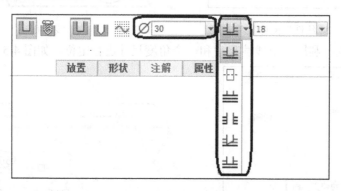

图 4-11　孔直径和深度选项

6. 孔的轻量化显示

在【孔】选项卡中，按下 ⛨ 按钮，孔在图形窗口中显示为轻量化孔，用橙色圆弧曲线和轴来表示，该曲线沿着孔圆周并位于孔放置平面上。在"模型树"中，轻量化孔使用 ⛨ 图符表示。

7. 修改特征名称

在【孔】选项卡中单击【属性】，在【名称】编辑框中可以修改孔特征的名称，如图 4-12 所示。点击 ⓘ 按钮便可在浏览器中打开特征信息。

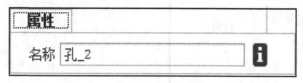

图 4-12　【属性】选项

8. 完成特征的创建

在【孔】选项卡中单击 ✔ 按钮(或单击鼠标中键)，完成孔特征的创建。

4.1.2 孔实例 1

孔实例 1 如图 4-13 所示。

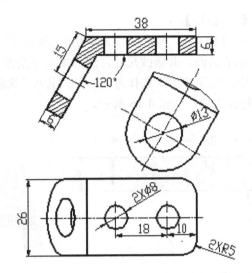

图 4-13 孔实例 1

该零件可以利用拉伸特征和孔特征来建立，其中 ϕ13 孔的类型为同轴孔，ϕ8 孔为线性孔。零件模型建立的过程见建模分析表 4-2。

表 4-2 孔实例 1 的零件建模分析表

编号	特征	三维模型	编号	特征	三维模型
1	拉伸		2	拉伸	
3	孔 (同轴孔)		4	孔 (线性孔)	
5	阵列孔		6	倒圆角	

1. 设定工作目录

按路径 "D:\chapter_4\4.1\example" 设定工作目录。

2. 建立文件

建立文件，文件名为"hole_1.prt"，单位为公制。

3. 拉伸建立板

(1) 单击【模型】→【 拉伸】。

(2) 单击图形窗口中的"FRONT"基准面作为草绘的平面，进入草绘窗口。

(3) 绘制如图 4-14 所示的截面，并修改尺寸，然后单击草绘器中的✔按钮。

(4) 在【拉伸】选项卡中，"深度类型"选择为 ，在"深度"编辑框中输入深度值"26"。

(5) 单击鼠标中键，特征生成，如图 4-15 所示。

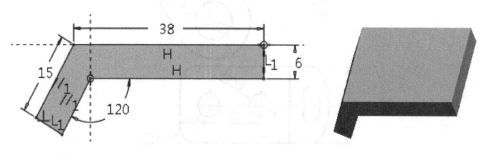

图 4-14　拉伸截面   图 4-15　板特征

4. 建立半圆板特征

(1) 单击【模型】→【 拉伸】。

(2) 单击图 4-16 所示的面作为草绘的平面，进入草绘窗口。

(3) 在【设置】工具栏中单击 按钮，然后在图形窗口中单击"FRONT"基准面作为参考。

(4) 绘制如图 4-17 所示的截面，并修改尺寸，然后单击草绘器中的✔按钮。

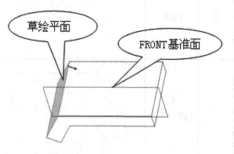

图 4-16　草绘平面   图 4-17　截面

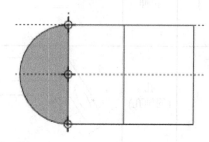

(5) 在【拉伸】选项卡的"深度"编辑框中输入深度值"6"。

(6) 单击鼠标中键，特征生成。

5. 建立 ϕ13 的同轴孔

(1) 建立基准轴。

① 单击【模型】→ 轴，弹出图 4-18 所示【基准轴】对话框。

② 单击选择如图 4-19 所示的半圆柱面作为参考面，然后单击对话框中的 确定 按钮，关闭对话框。

图 4-18　【基准轴】对话框

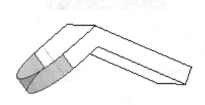

图 4-19　参照面

(2) 单击【模型】→ 🔲 孔，打开【孔】选项卡。

(3) 在图形窗口中，单击图 4-20 所示的面作为放置面，再按住 "Ctrl" 键的同时用鼠标选取 "A_1" 轴，此时【孔】选项卡中的【放置】编辑框如图 4-21 所示。

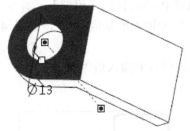

图 4-20　孔的放置面

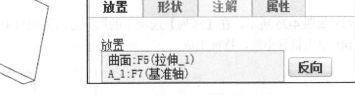

图 4-21　【放置】选项

(4) 在 "直径" 编辑框中输入值 "13"，在 "深度" 下拉列表中选择 ⊒⊨ ⋅。

(5) 单击鼠标中键，特征生成，如图 4-22 所示。

图 4-22　同轴孔特征

6. 建立 $\phi 8$ 的线性孔

(1) 单击【模型】→ 🔲 孔，打开【孔】选项卡。

(2) 在图形窗口中，单击 "板的上表面" 作为孔的放置面。

(3) 将【放置】选项中的【类型】选为【线性】，然后单击【偏移参考】编辑框，在图形窗口中按住 "Ctrl" 键的同时选取如图 4-23(a)所示的边和 "FRONT" 基准面作为偏移参考，把边的 "偏移值" 修改为 "10"，把 "FRONT" 基准面的参考属性修改为 "对齐"，如图 4-23(b)所示。

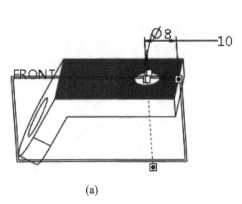

(a)   (b)

图 4-23 偏移参考

(4) 在"直径"编辑框中输入值"8",在"深度"下拉列表中选择 ▐▌▾。

(5) 单击鼠标中键,特征生成。

7. 阵列孔

(1) 先在图形窗口或"模型树"中选中上一步建立的ϕ8 孔,然后单击【模型】→ ▦ 阵列。

(2) 在图形窗口中,单击尺寸"10",在弹出的编辑框中输入增量值"18",如图 4-24 所示。

(3) 如图 4-25 所示,在【阵列】选项卡的第一方向阵列数中输入值"2"。

(4) 单击鼠标中键,特征生成。

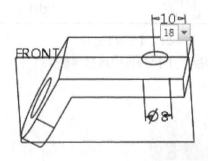

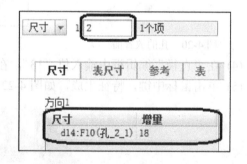

图 4-24 阵列的第一方向尺寸   图 4-25 【阵列】选项卡

8. 倒圆角

选择图 4-26 所示的两条边倒圆角,圆角半径为"5",如图 4-27 所示。

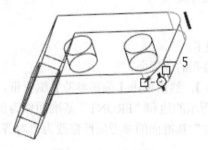

图 4-26 倒圆角的边   图 4-27 圆角特征

9. 保存文件

按照前面介绍的方法保存文件。

4.1.3　孔实例2

孔实例2如图4-28所示。

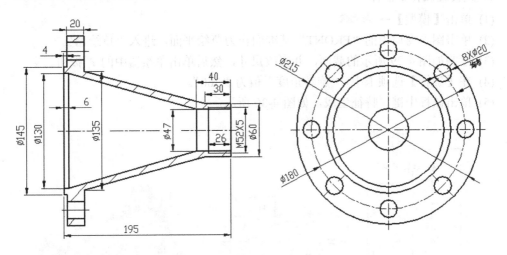

图 4-28　孔实例 2 的工程图

该零件可以利用旋转特征和孔特征来建立，其中 $\phi20$ 孔的类型为直径孔，零件的内孔可以通过定义截面建立，M52 螺纹孔为标准孔。零件模型建立的过程见建模分析表4-3。

表 4-3　孔实例 2 的零件建模分析表

编号	特征	三维模型	编号	特征	三维模型
1	旋转		2	草绘孔	
3	孔 (直径孔)		4	阵列孔	
5	孔 (标准孔)				

1. 设定工作目录

按路径"D:\chapter_4\4.1\example"设定工作目录。

2. 建立文件

建立文件,文件名为"hole_2",单位为"mm"。

3. 旋转建立特征主体

(1) 单击【模型】→ 🜋 旋转。

(2) 单击图形窗口中的"FRONT"基准面作为草绘平面,进入"草绘器"。

(3) 绘制如图 4-29 所示的截面,并修改尺寸,然后单击草绘器中的✔按钮。

(4) 在【旋转】选项卡中,"旋转角度"值为"360"。

(5) 单击鼠标中键,特征生成,如图 4-30 所示。

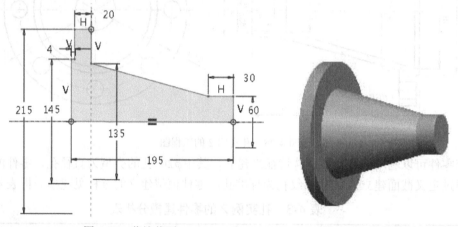

图 4-29 草绘截面   图 4-30 旋转特征

4. 建立草绘剖面的内孔

(1) 单击【模型】→ 🔩 孔,打开【孔】选项卡。

(2) 在图形窗口中,单击图 4-31 所示的面作为放置面,然后按住"Ctrl"键的同时单击选取"A_1"轴,此时【孔】选项卡中的【放置】编辑框如图 4-32 所示。

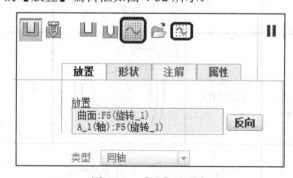

图 4-31 放置面   图 4-32 【孔】选项卡

(3) 在图 4-32 所示的【孔】选项卡中,依次点击 ▨ 按钮和 ▨ 按钮,进入草绘窗口。

(4) 在草绘窗口中,先绘制一条中心线作为旋转轴,再绘制图 4-33 所示的截面,然后单击✔按钮。

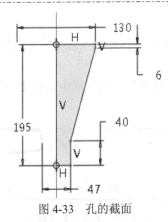

图 4-33 孔的截面

注意： 截面要封闭。

(5) 单击鼠标中键，特征生成。

5. 建立 φ20 的直径孔

(1) 单击【模型】→ 🗍 孔，打开【孔】选项卡。

(2) 在图形窗口中，单击图 4-34 所示的表面作为孔的放置面。

图 4-34 孔的放置面

(3) 在【放置】选项的【类型】选项中选择【直径】，然后单击【偏移参考】编辑框，在图形窗口中，按住 "Ctrl" 键的同时选取轴线 "A_1" 和 "FRONT" 基准面作为偏移参考，相应的值分别设为 "180" 和 "0"，如图 4-35 所示。

(4) 如图 4-35 所示，在 "直径" 编辑框中输入 "20"，在 "深度" 下拉列表中选择 ⬛⬛ ⬛ 。

(5) 单击鼠标中键，特征生成，如图 4-36 所示。

图 4-35 【孔】选项卡   图 4-36 直径孔特征

6. 阵列孔

(1) 先在图形窗口或 "模型树" 中选中上一步建立的 φ20 孔，然后单击【模型】→【▦ 阵列】。

(2) 如图 4-37 所示，在 "阵列类型" 编辑框中选择【轴】，然后在图形窗口中单击选择旋转体的轴线 "A_1"。

图 4-37   【阵列】选项卡

(3) 如图 4-37 所示，输入第一方向阵列数 "8" 和阵列成员间的角度值 "45"。

(4) 单击鼠标中键，阵列孔生成，如图 4-38 所示。

图 4-38   孔的环形阵列

7. 建立标准孔

(1) 单击【模型】→【🔘 孔，打开【孔】选项卡。

(2) 在图形窗口中，单击图 4-39 所示的表面作为孔的放置面，然后按住 "Ctrl" 键的同时单击选取 "A_1" 轴，此时，【孔】选项卡中的【放置】编辑框如图 4-40 所示。

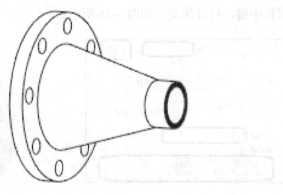

图 4-39   放置面

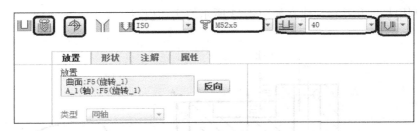

图 4-40　【孔】选项卡

（3）在如图 4-40 所示的【孔】选项卡中，单击 按钮创建标准孔，单击 按钮创建攻丝，在"螺纹系列"编辑框的下拉列表中选择【ISO】，在"螺纹尺寸"编辑框的下拉列表中选择【M52×5】，孔的深度值为"40"。

（4）单击鼠标中键，完成标准孔的创建，如图 4-41 所示。

图 4-41　标准孔特征

注意：标准螺纹孔属于修饰特征，不是真正的螺纹实体。

8. 保存文件

按照前面介绍的方法保存文件。

4.1.4　习题

1. 利用拉伸和孔特征建立如图 4-42 所示的实体模型。

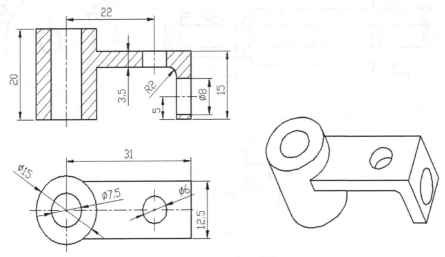

图 4-42　习题 1 附图

2. 利用拉伸和孔特征建立如图 4-43 所示的实体模型。

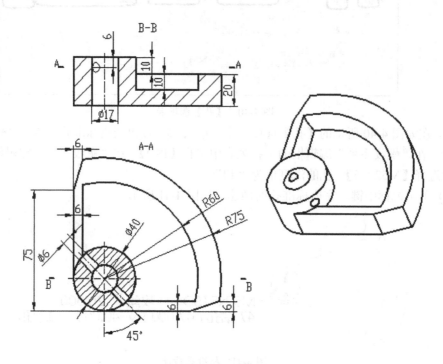

图 4-43   习题 2 附图

3. 利用旋转和孔特征建立如图 4-44 所示的实体模型。

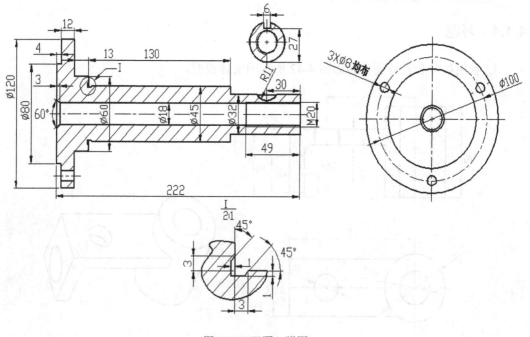

图 4-44   习题 3 附图

4.2 筋 特 征

筋特征包括轮廓筋和轨迹筋。

4.2.1 轮廓筋特征介绍

轮廓筋特征是设计中连接到实体曲面的薄翼或腹板伸出项。通常,这些筋用来加固设计中的零件,也常用来防止出现不需要的折弯。

轮廓筋有两种类型,如表 4-4 所示,其类型会根据连接几何自动进行设置。

表 4-4 筋 的 类 型

类 型	特　　　点	图　　　例
直的	筋连接到直曲面。向一侧拉伸或关于草绘平面对称拉伸	
旋转	筋连接到旋转曲面。筋的连接部位是锥状的,而不是平面的	

下面详细介绍轮廓筋特征的选项及建立过程。

1. 打开"轮廓筋"特征

单击【模型】,再单击 筋 旁边的箭头,然后单击【 轮廓筋】,打开【轮廓筋】选项卡。

2. 设置草绘平面

在图形窗口单击草绘平面,进入"草绘器"。

3. 草绘截面

截面草绘完成后,单击草绘器中的 ✔ 按钮,返回【轮廓筋】选项卡。

注意: 有效的筋特征草绘必须满足以下几个条件(如图 4-45 所示)。

(1) 单一的开放环。

(2) 连续的非相交草绘图元。

(3) 草绘端点必须与形成封闭区域的连接曲面对齐。

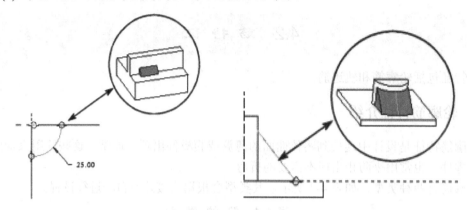

图 4-45   轮廓筋截面图例

4. 设置筋的厚度和方向

(1) 设置筋的厚度。在厚度编辑框中输入"厚度值",如图 4-46 所示。

图 4-46   筋厚度及方向设置

(2) 设置筋的方向。单击 按钮,切换材料生长方向。

注意: 材料的生长方向有三种,如图 4-47 所示。

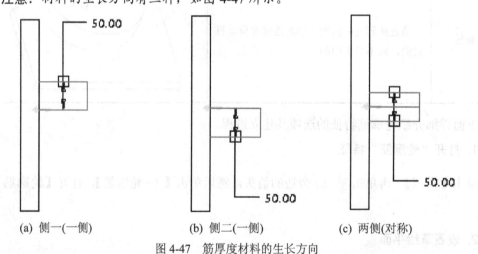

(a) 侧一(一侧)   (b) 侧二(一侧)   (c) 两侧(对称)

图 4-47   筋厚度材料的生长方向

5. 完成特征的创建

在【轮廓筋】选项卡中单击 按钮(或单击鼠标中键),完成筋特征的创建。

4.2.2   轮廓筋实例

轮廓筋实例如图 4-48 所示。

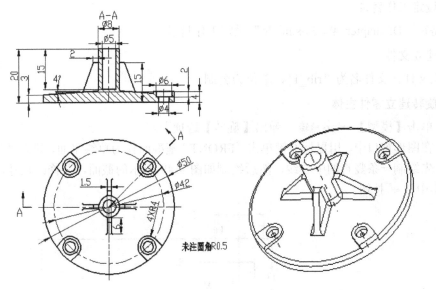

图 4-48　轮廓筋实例

该零件可以通过拉伸、孔和筋特征来建立，零件模型建立的过程见建模分析表 4-5。

表 4-5　筋实例的零件建模分析表

编号	特征	三维模型	编号	特征	三维模型
1	旋转		2	拉伸	
3	基准轴		4	孔 (同轴孔)	
5	孔 (同轴孔)		6	成组、阵列	
7	筋		8	阵列筋	
9	倒圆角				

1. 设定工作目录

按路径"D:\chapter_4\4.2\example"设定工作目录。

2. 建立文件

建立文件，文件名为"rib_1"，单位为公制。

3. 旋转建立零件主体

(1) 单击【模型】→ 旋转，弹出【旋转】选项卡。

(2) 在图形窗口中，用鼠标左键单击"FRONT"基准面作为草绘平面，进入"草绘器"。

(3) 先绘制一条竖直的中心线，然后绘制如图 4-49 所示的截面，并修改尺寸，然后单击草绘器中的✔按钮。

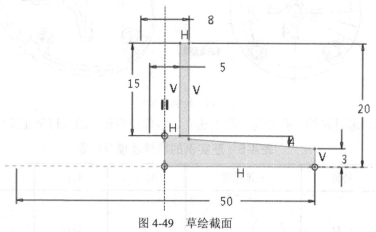

图 4-49　草绘截面

(4) 在【旋转】选项卡的"旋转角度"编辑框中输入角度值"360"。

(5) 单击鼠标中键，特征生成。

4. 建立凸台拉伸特征

(1) 单击【模型】→ 旋转，弹出【旋转】选项卡。

(2) 在图形窗口中，单击"TOP"基准面作为草绘平面，进入"草绘器"。

(3) 绘制如图 4-50 所示的截面，并修改尺寸，然后单击"草绘器"中的✔按钮。

(4) 在【拉伸】选项卡中，在"深度"编辑框中输入深度值"4"。

(5) 单击鼠标中键，特征生成，如图 4-51 所示。

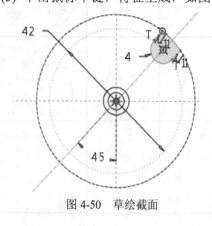

图 4-50　草绘截面

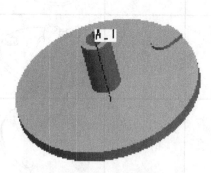

图 4-51　凸台特征

5. 建立 $\phi 6$ 的孔

(1) 建立基准轴。

① 单击【模型】→ ✎ 轴，弹出【基准轴】选项卡。

② 在图形窗口中单击如图 4-52 所示的圆柱面作为参照面，然后单击【基准轴】对话框中的 确定 按钮，关闭对话框，"轴 A_2"建立。

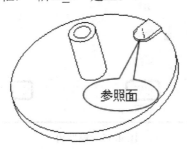

图 4-52　参照面

(2) 单击【模型】→ 🗗 孔 ，弹出【孔】选项卡。

(3) 在图形窗口中，单击凸台上表面作为放置面，然后按住"Ctrl"键的同时选取"A_2"轴，建立"同轴"孔。

(4) 按图 4-53 所示设置。

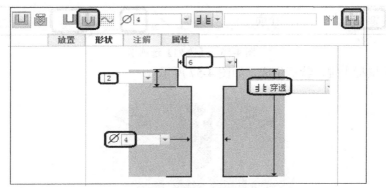

图 4-53　【形状】选项卡的设置

(5) 单击鼠标中键，特征生成，如图 4-54 所示。

图 4-54　沉孔特征

6. 成组、阵列孔

(1) 成组。在"模型树"中选中图 4-55 中所示的三个特征，然后单击右键，在弹出的快捷菜单中选择【分组】→【组】，则建立"组 LOCAL_GROUP"。

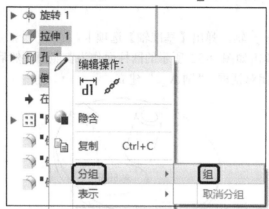

图 4-55　模型树

(2) 先在"模型树"中选中上一步建立的"组 LOCAL_GROUP"，然后单击【模型】→ 🔡 **阵列** 。

(3) 在图 4-56 所示的【阵列】选项卡的参照下拉列表中选择【轴】，然后在图形窗口中选择轴"A_1"；在"第一方向阵列成员数"的编辑框中输入值"4"，在"阵列成员间角度"编辑框中输入值"90"。

图 4-56　【阵列】选项卡

(4) 单击鼠标中键，特征生成，如图 4-57 所示。

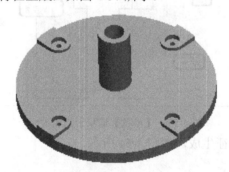

图 4-57　特征阵列

7. 创建筋特征

(1) 单击【模型】，再单击 筋 旁边的箭头，然后单击【 轮廓筋】，打开【轮廓筋】选项卡。

(2) 在图形窗口中，单击"FRONT"基准面作为草绘平面，进入"草绘器"。

(3) 绘制截面。在草绘窗口中，绘制如图 4-58 所示的截面，然后单击"草绘器"中的✔按钮。

(4) 设置筋的厚度和方向。在【轮廓筋】选项卡中的"厚度"编辑框中输入厚度值"1.5"。

(5) 单击鼠标中键，结束筋特征创建，如图 4-59 所示。

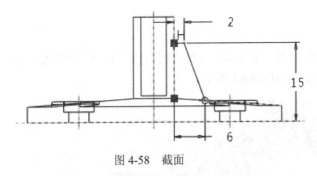

图 4-58　截面

图 4-59　筋特征

8. 阵列筋

(1) 选中上一步建立的"轮廓筋 1",然后单击【模型】→ ⊞ 阵列 。

(2) 在【阵列】的参照下拉列表中选择"轴",然后在绘图窗口中选择轴"A_1";在"第一方向阵列成员数"的编辑框中输入值"4",在"阵列成员间角度"编辑框中输入值"90"。

(3) 单击鼠标中键,阵列完成。阵列特征如图 4-60 所示。

图 4-60　阵列筋

9. 倒圆角

(1) 按图 4-61 所示,选中相应的边,倒圆角 R0.5。

(2) 按图 4-62 所示,选中相应的边,倒圆角 R0.5。

(3) 按图 4-63 所示,选中相应的边,倒圆角 R0.5。

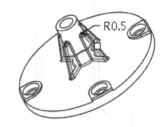

图 4-61　倒圆角的边(1)　　　图 4-62　倒圆角的边(2)　　　图 4-63　倒圆角的边(3)

10. 保存文件

按照前面介绍的方法保存文件。

4.2.3 轨迹筋实例

轨迹筋常用于加固塑料零件，此特征是一条轨迹，可包含任意数量和任意形状的段。此特征还可包括每条边的倒圆角和拔模，如图 4-64 所示。

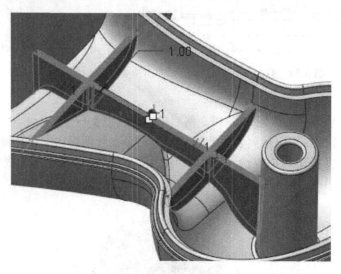

图 4-64 轨迹筋

轨迹筋实例如图 4-65 所示。

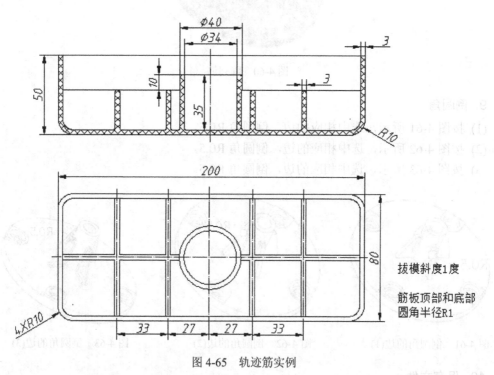

拔模斜度1度

筋板顶部和底部
圆角半径R1

图 4-65 轨迹筋实例

该零件可以通过拉伸、孔和筋特征来建立，零件模型建立的过程见建模分析表 4-6。

表 4-6　筋实例的零件建模分析表

编号	特征	三维模型	编号	特征	三维模型
1	拉伸		2	圆角 (R10)	
3	壳		4	拉伸	
5	孔 (同轴孔)		6	草绘	
7	轨迹筋				

1. 设定工作目录

按路径"D:\chapter_4\4.2\example"设定工作目录。

2. 建立文件

建立文件，文件名为"rib_2"，单位为"mm"。

3. 拉伸

(1) 单击【模型】→【📦拉伸】。

(2) 单击图形窗口中的"FRONT"基准面作为草绘平面，进入草绘窗口。

(3) 绘制如图 4-66 所示的截面，并修改尺寸，然后单击"草绘器"中的✔按钮。

(4) 在图 4-67 所示的【拉伸】选项卡中，在"深度"编辑框中输入深度值"50"，"锥度"框中输入值"1"。

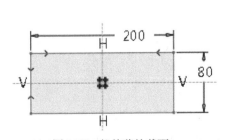

图 4-66　拉伸草绘截面

图 4-67　【拉伸】选项卡

(5) 单击鼠标中键，特征生成。

4. 倒圆角 R10

对图 4-68 所示的边，倒圆角 R10。

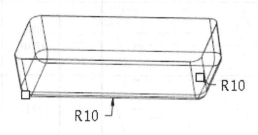

图 4-68　倒圆角的边

5. 壳体

(1) 单击【模型】→【■ 壳】，打开【壳】选项卡。

(2) 单击图形窗口中特征的上表面。

(3) 在"厚度"编辑框中输入值"3"。

(4) 单击鼠标中键，特征生成。

6. 拉伸圆柱

圆柱的截面如图 4-69 所示，高度值为"35"，锥度值为"1"。

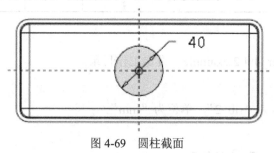

图 4-69　圆柱截面

7. φ34 孔

创建直径为"φ34"的同轴孔，深度为"35"，如图 4-70 所示。

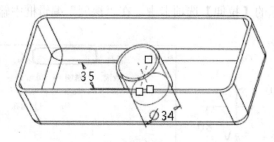

图 4-70　孔

8. 轨迹筋

(1) 创建基准面"DTM1"。以圆柱的上表面为基准，向下偏移"10"，如图 4-71 所示。

(2) 绘制轨迹，如图 4-72 所示。

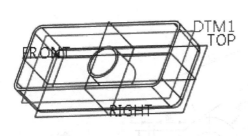

图 4-71 基准面

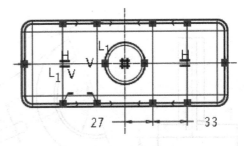

图 4-72 轨迹

(3) 单击【模型】→【▱ 轨迹筋】。

(4) 在图形窗口中，选中上一步创建的草绘轨迹。

(5) 在【轨迹筋】选项卡中，按图 4-73 所示进行设置。

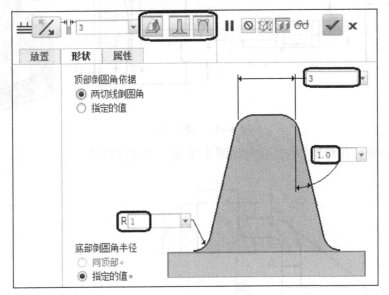

图 4-73 【轨迹筋】选项卡

(6) 单击鼠标中键，特征生成，如图 4-74 所示。

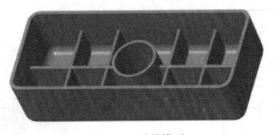

图 4-74 零件模型

4.2.4 习题

1. 利用拉伸、孔和筋等特征建立如图 4-75 所示的实体模型。

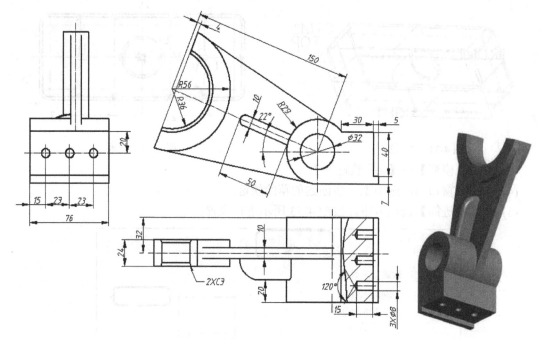

图 4-75　习题 1 附图

2. 利用拉伸、孔和筋等特征建立如图 4-76 所示的实体模型。

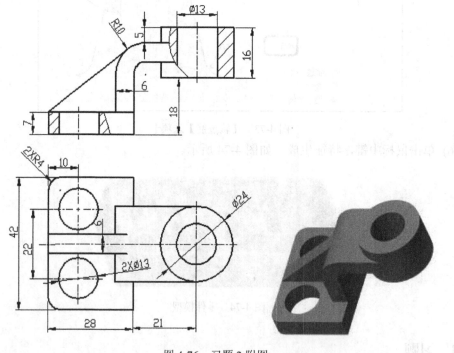

图 4-76　习题 2 附图

3. 利用拉伸、孔和筋等特征建立如图 4-77 所示的实体模型。

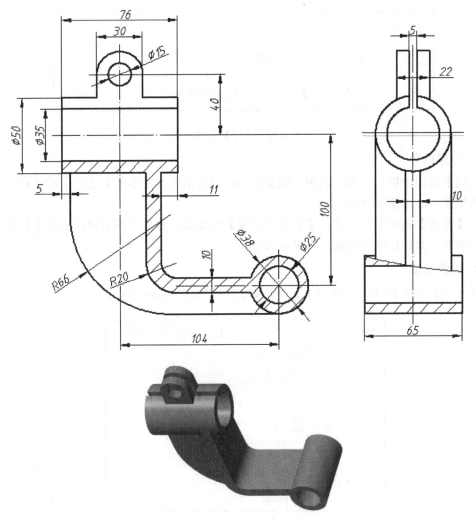

图 4-77 习题 3 附图

4.3 壳 特 征

"壳"特征可将实体内部掏空,只留一个特定壁厚的壳。它可用于指定要从壳移除的一个或多个曲面。如果未选取要移除的曲面,则会创建一个"封闭"壳,将零件的整个内部都掏空,且空心部分没有入口。

4.3.1 壳特征介绍

下面详细介绍壳特征的选项及建立过程。

1. 打开"壳"特征

单击【模型】→【■壳】,打开【壳】选项卡,如图 4-78 所示。

图 4-78　【壳】选项卡

2. 设置参考

在图形窗口中单击要删除的面，则选中的面就会出现在【参考】选项卡的【移除的曲面】收集器中，如图 4-78 所示。

在【参考】选项卡中，单击【非默认厚度】收集器，然后在图形窗口中单击具有不同厚度的曲面，并进行厚度设置，如图 4-78 所示。

3. 设置选项

【选项】选项卡如图 4-79 所示，"排除的曲面"如图 4-80 所示。

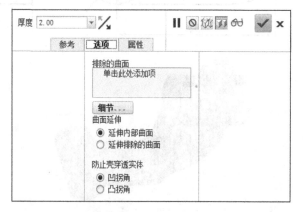

图 4-79　【选项】选项卡

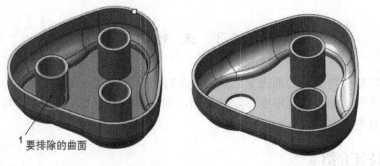

(a) 选定排除的曲面　　　　　　(b) 排除曲面后的零件

图 4-80　排除曲面

4. 设置厚度

在【壳】选项卡的【厚度】编辑框中输入壳体厚度值。

5. 修改特征名称

在【壳】选项卡中单击【属性】，在【名称】编辑框中可以修改"壳"特征的名称。

6. 完成特征的创建

在【壳】选项卡中单击 ✔ 按钮(或单击鼠标中键)，完成壳特征的创建。

4.3.2　壳实例

壳实例如图 4-81 所示。

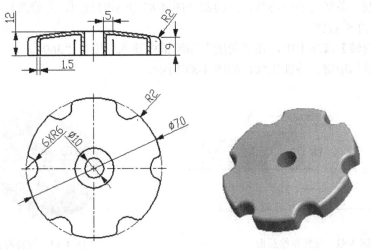

图 4-81　壳实例

该零件可以通过旋转、拉伸、倒圆角和壳特征来建立，零件模型建立的过程见表 4-7。

表 4-7　壳实例的零件建模分析表

编　号	特征	三维模型	编　号	特征	三维模型
1	旋转		2	拉伸	
3	倒圆角		4	成组、阵列	
5	倒圆角		6	壳	

1. 设定工作目录

按路径"D:\chapter_4\4.3\example"设定工作目录。

2. 建立文件

建立文件，文件名为"shell_1"，单位为公制。

3. 旋转建立零件主体

(1) 单击【模型】→【 ⚙ 旋转】。

(2) 单击图形窗口中的"FRONT"基准面作为草绘平面，进入"草绘器"。

(3) 先绘制一条竖直的中心线，再绘制如图 4-82 所示的截面，并修改尺寸，然后单击"草绘器"中的 ✔ 按钮。

(4) 在【旋转】选项卡中，在"角度"编辑框中输入角度值"360"。

(5) 单击鼠标中键，特征生成，如图 4-83 所示。

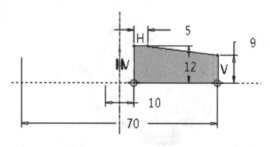

图 4-82 　旋转草绘截面

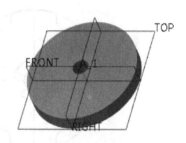

图 4-83 　旋转特征

4. 建立拉伸特征

(1) 单击【模型】→【 ⬛ 拉伸】。

(2) 单击图形窗口中的"TOP"基准面作为草绘平面，进入"草绘器"。

(3) 绘制如图 4-84 所示的截面，并修改尺寸，然后单击"草绘器"中的 ✔ 按钮。

(4) 在【拉伸】的"深度"下拉列表中选择 ⬒⬒。

(5) 单击鼠标中键，特征生成，如图 4-85 所示。

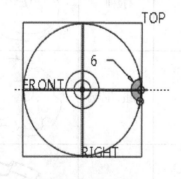

图 4-84 　草绘截面

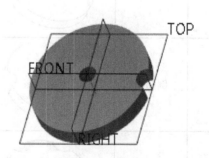

图 4-85 　拉伸特征

5. 倒圆角

对图 4-86 所示的边倒圆角，半径值为"2"。

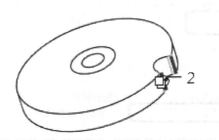

图 4-86　倒圆角的边

6. 成组、阵列孔

(1) 成组。在"模型树"中选中"拉伸 1"和"倒圆角 1"两个特征，然后单击鼠标右键，在弹出的快捷菜单中选择【分组】→【组】，则建立"组 LOCAL_GROUP"。

(2) 单击【模型】→【⊞阵列】，打开【阵列】选项卡。

(3) 在"阵列类型"编辑框中选择【轴】，然后在图形窗口中单击选择轴"A_1"；在"第一方向阵列成员数"的编辑框中输入值"6"，在"阵列成员间角度"编辑框中输入值"60"。

(4) 单击鼠标中键，阵列孔生成，如图 4-87 所示。

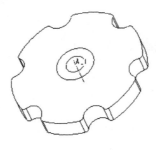

图 4-87　阵列

7. 倒圆角

对图 4-88 所示的边倒圆角，半径值为"2"，圆角特征如图 4-89 所示。

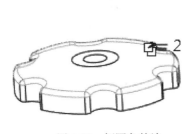

图 4-88　倒圆角的边

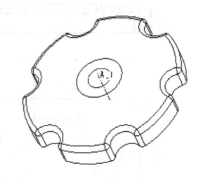

图 4-89　圆角特征

8. 壳

(1) 单击【模型】→【▦壳】，打开图 4-90 所示的【壳】选项卡。

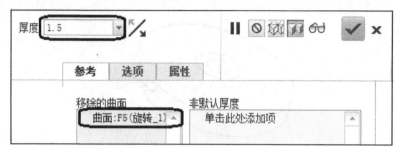

图 4-90　【壳】选项卡

(2) 在图形窗口中单击要删除的面，如图 4-91 所示，则选中的面就会出现在【参考】选项卡的【移除的曲面】收集器中，如图 4-90 所示。

(3) 在【壳】选项卡的【厚度】编辑框中输入壳体厚度值"1.5"。

(4) 单击鼠标中键，特征生成，如图 4-92 所示。

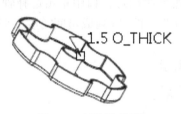

图 4-91　被删除的面

图 4-92　壳特征

9. 保存文件

按照前面介绍的方法保存文件。

4.3.3　习题

1. 利用拉伸和壳等特征建立如图 4-93 所示的实体模型。

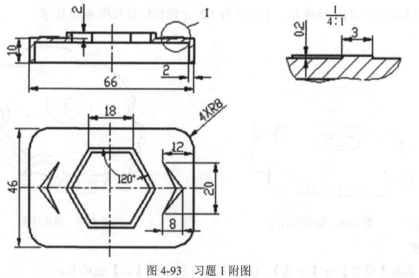

图 4-93　习题 1 附图

2. 利用拉伸和壳等特征建立如图 4-94 所示的实体模型。

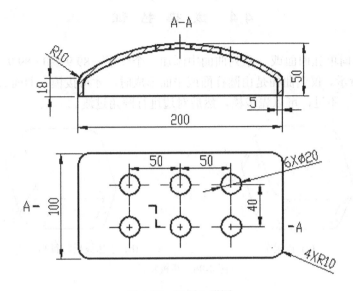

图 4-94　习题 2 附图

3. 利用拉伸和壳等特征建立如图 4-95 所示的实体模型。

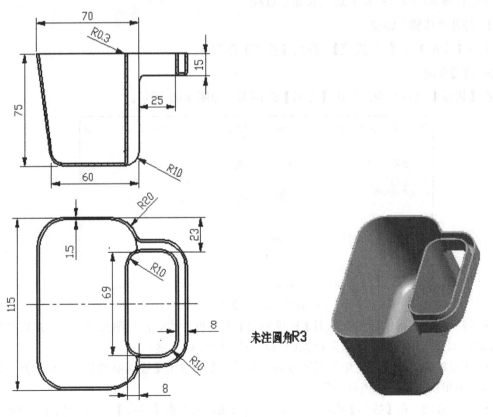

未注圆角R3

图 4-95　习题 3 附图

4.4 拔 模 特 征

拔模特征将向单独曲面或一系列曲面中添加一个介于－89.9°和 +89.9°之间的拔模角度，如图 4-96 所示。仅当曲面是由圆柱面或平面形成时，才可拔模。曲面边的边界周围有圆角时不能拔模。不过，可以先拔模，然后对边进行圆角过渡。

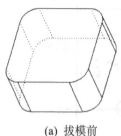

(a) 拔模前   (b) 添加拔模特征后

图 4-96   拔模特征

4.4.1   拔模特征介绍

下面详细介绍拔模特征的选项及建立过程。

1. 打开"拔模"特征

单击【模型】→【　拔模】，弹出【拔模】选项卡。

2. 设置参考

在【拔模】选项卡中，单击【参考】选项卡，如图 4-97 所示。

图 4-97   【参考】选项卡

· 拔模曲面。用鼠标左键单击【拔模曲面】收集框，然后在绘图窗口中单击选取"拔模曲面"；如果选择多个曲面，选择曲面的同时按住"Ctrl"键。

· 拔模枢轴。测量拔模角所用的方向，用鼠标左键单击【拔模枢轴】收集框，然后在绘图窗口中单击选取"拔模枢轴"。

· 拖拉方向。在【拔模】选项卡中单击　按钮，或单击【参考】选项卡中的 反向 按钮。

3. 设置分割

【分割】选项卡如图 4-98 所示。图 4-99 和图 4-100 分别是不分割拔模和分割拔模的示意。

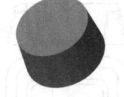 

图 4-98　【分割】选项卡　　　图 4-99　不分割拔模　　　图 4-100　分割拔模

4. 设置选项

勾选图 4-101 中的【延伸相交曲面】复选框可以延伸拔模，使之与模型的相邻曲面相接触，如图 4-102 所示。

图 4-101　【拔模】选项卡

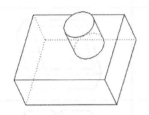 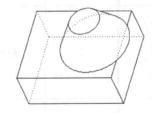 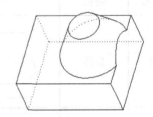

(a) 拔模前　　　(b) 未使用【延伸相交曲面】的拔模　　(c) 使用【延伸相交曲面】的拔模

图 4-102　【延伸相交曲面】的应用

5. 设置拔模角度

在【拔模】选项卡的"角度"编辑框中输入拔模角度值，如图 4-103 所示。

图 4-103　【拔模】选项卡

6. 修改特征名称

在【拔模】选项卡中单击【属性】，在【名称】编辑框中可以修改"拔模"特征的名称。

7. 完成特征的建立

在【拔模】选项卡中单击 ✓ 按钮(或单击鼠标中键)，完成拔模特征的建立。

4.4.2 拔模实例 1

拔模实例 1 如图 4-104 所示。

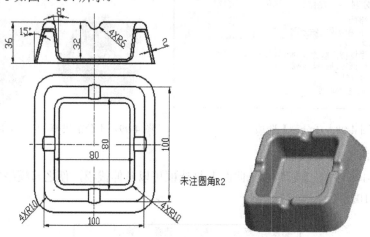

图 4-104　拔模实例 1

该零件可以通过拉伸、壳、拔模和倒圆角特征来建立，其中外表面的拔模斜度为 15°，内表面的拔模斜度为 8°，零件模型建立的过程见建模分析表 4-8。

表 4-8　拔模实例的零件建模分析表

编号	特征	三维模型	编号	特征	三维模型
1	拉伸		2	拉伸	
3	圆角		4	拉伸	
5	拔模		6	倒圆角	
7	壳				

1. 设定工作目录

按路径"D:\chapter_4\4.4\example"设定工作目录。

2. 建立文件

建立文件，文件名为"draft_1"，单位为公制。

3. 拉伸建立长方体

(1) 单击【模型】→【 拉伸】。

(2) 单击图形窗口中的"TOP"基准面作为草绘平面，进入草绘界面。

(3) 绘制如图 4-105 所示的截面，并修改尺寸，然后单击草绘器中的 按钮。

(4) 在【拉伸】的"深度"编辑框中输入深度值"36"。

(5) 单击鼠标中键，特征生成。

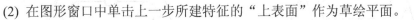

图 4-105　草绘截面

4. 建立拉伸(去除材料)特征

(1) 单击【模型】→【 拉伸】。

(2) 在图形窗口中单击上一步所建特征的"上表面"作为草绘平面。

(3) 草绘截面，如图 4-106 所示，拉伸深度为"32"，特征如图 4-107 所示。

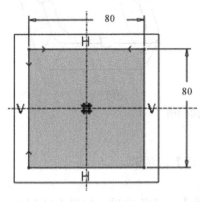

图 4-106　草绘截面

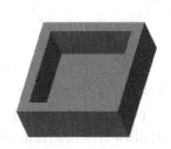

图 4-107　拉伸特征

5. 倒圆角

选图 4-108 所示的边倒圆角，圆角半径为"10"。

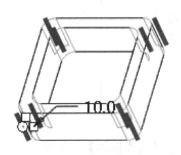

图 4-108　倒圆角的边

6. 拉伸(去除材料)建立顶部凹槽

(1) 单击【模型】→【 🔲拉伸】。

(2) 选择长方体前面的面作为草绘平面，草绘截面如图 4-109 所示，拉伸深度选项为 ⧉⧉，生成的特征如图 4-110(a)所示。

(3) 单击【模型】→【 🔲拉伸】。

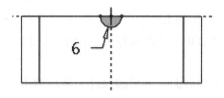

图 4-109 草绘截面

(4) 选择长方体右侧的面作为草绘平面，草绘截面如图 4-109 所示，拉伸深度选项为 ⧉⧉，生成的特征如图 4-110(b)所示。

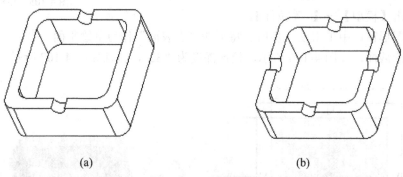

(a)   (b)

图 4-110 顶部凹槽

7. 创建斜度为 15° 的拔模斜度

(1) 单击【模型】→【 🔲拔模】，弹出【拔模】选项卡。

(2) 单击如图 4-111 所示的面作为拔模曲面。

注意：在【选项】选项卡中，【拔模相切曲面】为默认选项，如图 4-112 所示，因此选择拔模曲面时，只需选择图 4-111 中的任何一个面就可以。

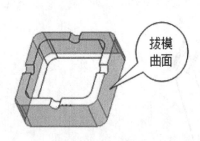

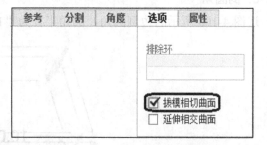

图 4-111 拔模曲面   图 4-112 【选项】选项卡

(3) 单击【参考】选项卡中的【拔模枢轴】收集器，然后选择图 4-113 中的上表面为拔模枢轴。

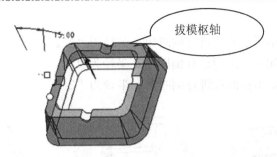

图 4-113　拔模枢轴

(4) 单击图 4-113 中的箭头调整拔模方向，在"拔模斜度值"输入框中输入"15"。

(5) 单击鼠标中键，特征生成，如图 4-114 所示。

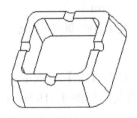

图 4-114　15°的拔模斜度特征

8. 创建斜度为 8°的拔模斜度

(1) 单击【模型】→【🔺拔模】，弹出【拔模】选项卡。

(2) 单击如图 4-115 所示的面作为拔模面。

(3) 单击【参考】选项卡中的【拔模枢轴】收集器，然后选择图 4-116 所示的上表面为拔模枢轴。

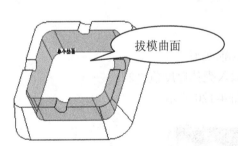

图 4-115　拔模面

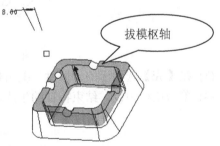

图 4-116　拔模枢轴

(4) 单击图 4-116 中的箭头调整拔模方向，在"拔模斜度值"输入框中输入"8"。

(5) 单击鼠标中键，特征生成，如图 4-117 所示。

图 4-117　8°的拔模斜度特征

9. 倒圆角

(1) 对图 4-118(a)所示的边进行倒圆角，半径为"2"。

(2) 对图 4-118(b)所示的边进行倒圆角，半径为"2"。

(3) 对图 4-118(c)所示的边进行倒圆角，半径为"2"。

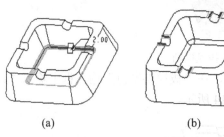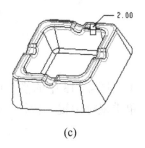

(a)   (b)   (c)

图 4-118 倒圆角的边

10. 壳体

(1) 单击【模型】→【■ 壳】，打开【壳】选项卡。

(2) 在图形窗口中单击要删除的面，如图 4-119 所示。

图 4-119 被删除的面

(3) 在【壳】选项卡的"厚度"编辑框中输入壳体厚度值"2"。

(4) 单击鼠标中键，结束特征的生成，如图 4-120 所示。

图 4-120 壳特征

11. 保存文件

按照前面介绍的方法保存文件。

4.4.3　拔模实例 2

拔模实例 2 如图 4-121 所示。

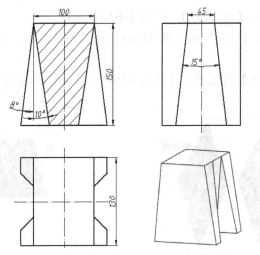

图 4-121　拔模实例 2

利用分割拔模，用户可将不同的拔模角应用于曲面的不同部分。本例通过绘制分割曲线来创建"分割拔模"特征。

该零件可以通过拉伸和拔模特征来建立，其中外表面不同部分的拔模斜度分别为 10° 和 8°。

1. 设定工作目录

按路径"D:\chapter_4\4.4\example"设定工作目录。

2. 建立文件

建立文件，文件名为"draft_2"，单位为公制。

3. 拉伸建立长方体

(1) 单击【模型】→【 拉伸】。

(2) 单击图形窗口中的"FRONT"基准面作为草绘平面，进入"草绘器"。

(3) 绘制如图 4-122 所示的截面，并修改尺寸，然后单击"草绘器"中的 ✔ 按钮。

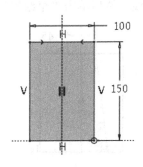

图 4-122　草绘截面

(4) 在【拉伸】的"深度"编辑框中输入深度值"130"。

(5) 单击鼠标中键,特征生成。

4. 拔模

(1) 单击【模型】→【 拔模】,弹出【拔模】选项卡。

(2) 在图形窗口中,按住"Ctrl"键的同时单击长方体左右两侧的面作为拔模曲面,如图 4-123 所示。

(3) 单击【拔模枢轴】收集器,选择长方体的上表面作为拔模枢轴,如图 4-124 所示。

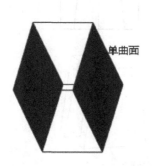

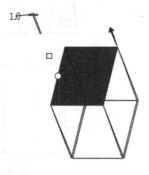

图 4-123　拔模曲面   图 4-124　拔模枢轴

(4) 单击【分割】选项卡,按图 4-125 进行设置,然后单击 定义... 按钮,弹出【草绘】对话框。

(5) 在图形窗口中,单击"长方体的右侧面"作为草绘平面,然后单击 草绘 按钮,进入草绘界面。

图 4-125　【分割】选项卡

(6) 绘制图 4-126 所示的分割线,然后单击"草绘器"中的 ✔ 按钮。

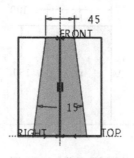

图 4-126　草绘分割线

(7) 在图 4-127 所示的"斜度"编辑框中分别输入"10°"和"8°",并单击 按钮调整拔模方向。

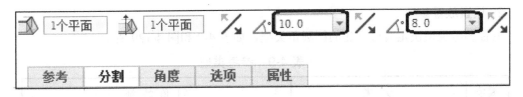

图 4-127 【拔模】选项卡

(8) 单击鼠标中键,特征生成。

5. 保存文件

按照前面介绍的方法保存文件。

4.4.4 习题

建立如图 4-128 所示的实体模型。

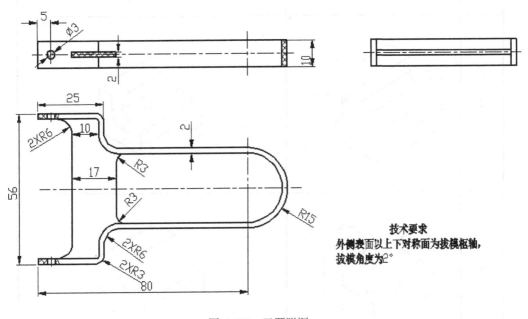

图 4-128 习题附图

4.5 倒圆角特征

"倒圆角"是一种边处理特征,通过向一条或多条边、边链或在曲面之间添加半径形成。

4.5.1 倒圆角特征介绍

下面详细介绍倒圆角特征的选项及建立过程。

1. 打开"倒圆角"特征

单击【模型】→【🔵 倒圆角】。

2. 设置放置参考

放置参考类型决定着可创建的倒圆角类型，如表 4-9 和图 4-129 所示。

表 4-9   参考类型

编号	参 考	圆 角 特 征
1	20.00 边	
2	17.50 边链	
3	78.21 边 曲面	
4	曲面 23.50 曲面	

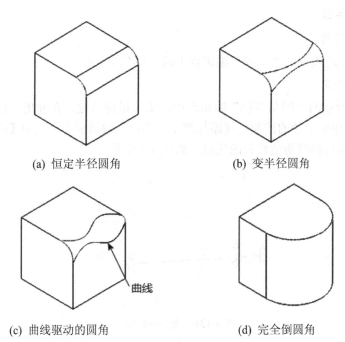

(a) 恒定半径圆角　　　　　　　　　　(b) 变半径圆角

(c) 曲线驱动的圆角　　　　　　　　　(d) 完全倒圆角

图 4-129　各种类型的圆角

在图形窗口中选取倒圆角的参照后，则被选中的边或面显示在【集】选项卡的【参考】收集器中，如图 4-130 所示。

图 4-130　【集】选项卡

3. 设置圆角半径

1) 常半径的圆角

在【倒圆角】选项卡的"半径"编辑框中输入圆角半径值。

2) 变半径的圆角

在图 4-130 所示的"圆角半径"编辑框中，单击鼠标右键，在弹出的快捷菜单中选择【添加半径】，这样变半径的控制点就添加到了"半径"编辑框中，其中【位置】是指控制点到一端点的距离与倒圆角边总长的比值，如图 4-131 所示。

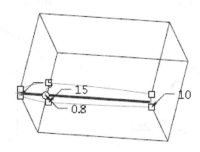

图 4-131　变半径圆角

4. 修改特征名称

在【倒圆角】选项卡中单击【属性】，在【名称】编辑框中可以修改"倒圆角"特征的名称。

5. 完成特征的建立

在【倒圆角】选项卡中单击 ✓ 按钮(或单击鼠标中键)，完成倒圆角特征的建立。

4.5.2　倒圆角实例

倒圆角实例如图 4-132 所示。

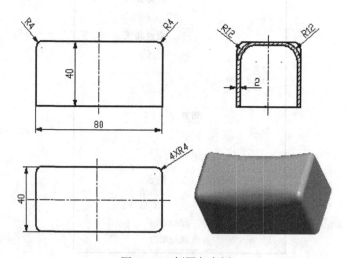

图 4-132　倒圆角实例

该零件形状比较简单，其中有一个圆角是变半径圆角。

1. 设定工作目录

按路径"D:\chapter_4\4.5\example"设定工作目录。

2. 建立文件

建立文件，文件名为"round_1"，单位为公制。

3. 拉伸建立零件主体

(1) 单击【模型】→【 📦 拉伸】。

(2) 单击图形窗口中的"TOP"基准面作为草绘平面，进入草绘界面。

(3) 草绘截面如图 4-133 所示，在"深度"编辑框中输入深度值"40"。

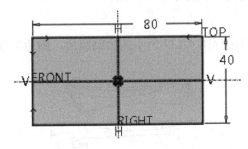

图 4-133 拉伸截面

4. 倒变半径的圆角

(1) 单击【模型】→【 🔘 倒圆角】。

(2) 选择图 4-134 所示的边作为倒圆角的边。

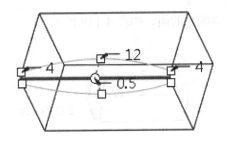

图 4-134 倒圆角的边

(3) 在【集】选项卡的"圆角半径"编辑框中，单击鼠标右键，在弹出的快捷菜单中选择【添加半径】，这样变半径的控制点就添加到了【半径】编辑框中，再修改半径值，如图 4-135 所示。

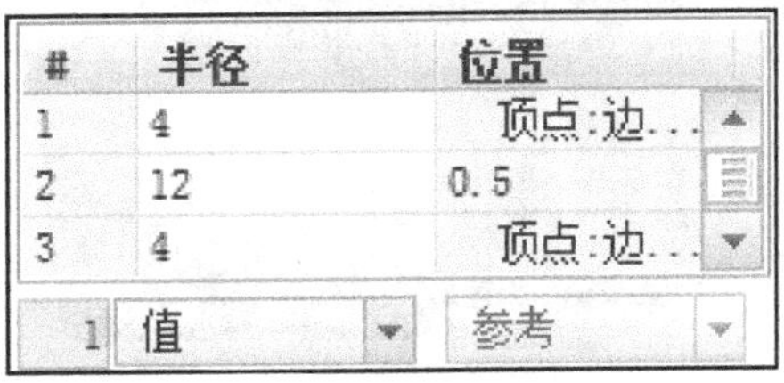

#	半径	位置
1	4	顶点:边...
2	12	0.5
3	4	顶点:边...
1	值 ▼	参考 ▼

图 4-135 【半径】编辑框

(4) 单击鼠标中键，结束特征的创建，生成的圆角特征如图 4-136 所示。

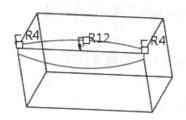

图 4-136 变半径圆角

(5) 以同样的方法，对对边倒变半径的圆角。

5. 倒常半径圆角

按住 "Ctrl" 键的同时选择图 4-137 所示的边倒圆角，圆角半径值为 "4"。

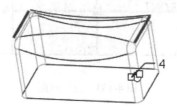

图 4-137 倒圆角的边

6. 壳体

(1) 单击【模型】→【▣壳】。

(2) 在图形窗口中单击要删除的面，如图 4-138 所示。

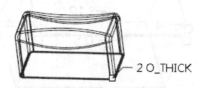

图 4-138 被删除的面

(3) 在【壳】选项卡的 "厚度" 编辑框中输入壳体厚度值 "2"。

(4) 单击鼠标中键，结束特征的生成，如图 4-139 所示。

图 4-139 壳特征

4.5.3　习题

建立如图 4-140 所示的实体模型。

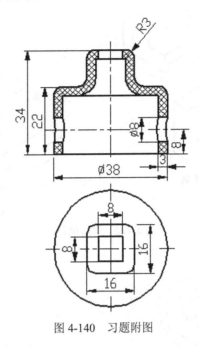

图 4-140　习题附图

4.6　倒角特征

倒角特征可对边或拐角进行斜切削。倒角有两种类型：边倒角和拐角倒角。

4.6.1　边倒角特征介绍

下面详细介绍边倒角特征的选项及建立过程。

1. 打开"边倒角"特征

单击【模型】→【 倒角】，则弹出【边倒角】选项卡，如图 4-141 所示。

图 4-141　【边倒角】选项卡

2. 设置参照

在图形窗口中单击选取倒角的边或面，则被选中的边或面显示在【集】选项卡的【参考】收集器中。倒角类型取决于选取的放置参考类型，如图 4-142、图 4-143 和图 4-144 所示。

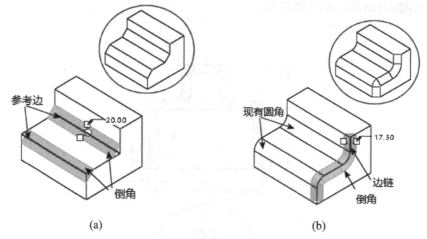

（a）　　　　　　　　　　　　　　（b）

图 4-142　对边倒角

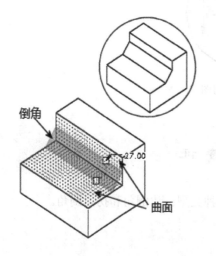

图 4-143　对两曲面倒角

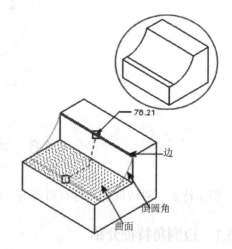

图 4-144　对边和面倒角

3. 设置倒角的标注形式并输入值

在【边倒角】选项卡中，选择标注形式，如图 4-145 所示。常用的倒角标注形式有四种，如图 4-146 所示。

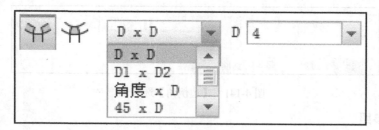

图 4-145　边倒角标注形式设置

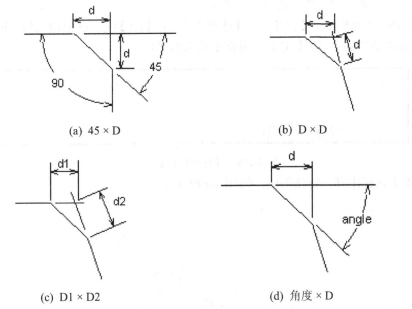

(a) 45 × D

(b) D × D

(c) D1 × D2

(d) 角度 × D

图 4-146　常见的倒角标注形式

4. 修改特征名称

在【边倒角】选项卡中单击【属性】，在【名称】编辑框中可以修改"边倒角"特征的名称。

6. 完成特征

在【边倒角】选项卡中点击 ✔ 按钮(或单击鼠标的中键)，完成边倒角特征的建立。

4.6.2　拐角倒角特征介绍

拐角倒角是从零件的拐角处移除材料。

1. 打开"拐角倒角"特征

单击【模型】→【倒角】→【 ▽ 拐角倒角】，弹出【拐角倒角】选项卡。

2. 选择定义拐角的边

(1) 在图形窗口中，选择要在其上放置倒角的顶点，如图 4-147 所示。

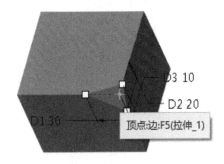

图 4-147　倒角的顶点

注意：顶点必须由三条实边的交点定义。

(2) 在图 4-148 所示的【拐角倒角】选项卡中，在【D1】编辑框中输入值"30"，在【D2】编辑框中输入值"20"，在【D3】编辑框中输入值"10"。

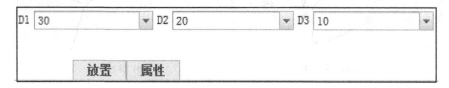

图 4-148   【拐角倒角】选项卡

(3) 单击鼠标中键，特征生成，如图 4-149 所示。

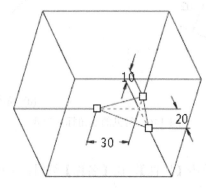

图 4-149   倒角拐角

第 5 章 综合应用实例

本章主要介绍手提电话各零件的建模过程。通过手提电话各零件的建模，读者可以熟练地应用常用的基础特征和工程特征。该手提电话由八个零件构成，包括屏幕、听筒、麦克风、PC 板、天线、键盘、后盖和前盖，如图 5-1 和图 5-2 所示。

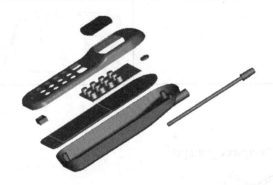 

图 5-1　手机各零件　　　　　　　　　　　图 5-2　手机模型

5.1　手提电话造型设计

该手提电话由八个零件构成，即：屏幕、听筒、麦克风、PC 板、天线、键盘、后盖和前盖。下面将简要介绍各零件的建模过程。

5.1.1　屏幕设计

屏幕零件如图 5-3 所示，文件名为 "lens_mm.prt"。该零件可以通过拉伸和倒圆角特征来建立，建模过程见表 5-1。

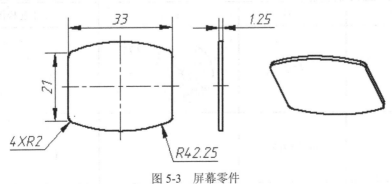

图 5-3　屏幕零件

表 5-1　屏幕零件的建模分析表

编号	特征	截　面	三维建模图
1	拉伸(伸出项)	33 21 42.25	
2	倒圆角 R2		

5.1.2　听筒设计

听筒零件如图 5-4 所示，文件名为"earpiece_mm.prt"。

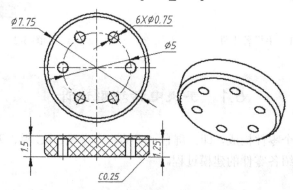

图 5-4　听筒零件

该零件可以通过拉伸、孔、阵列和倒角特征来建立，建模过程见表 5-2。

表 5-2　听筒零件的建模分析表

编号	特征	截面	三维建模图
1	拉伸	7.75	
2	倒角 C0.25		

续表

编号	特征	截面	三维建模图
3	$\phi0.75$ 孔		
4	阵列		

5.1.3　麦克风设计

麦克风零件如图 5-5 所示，文件名为"microphone_mm.prt"。

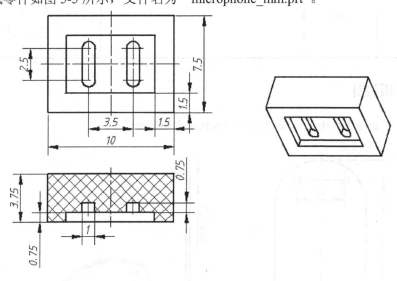

图 5-5　麦克风零件

该零件可以通过拉伸、镜像特征来建立，建模过程见表 5-3。

表 5-3　麦克风零件的建模分析表

编号	特征	剖　面	三维建模图
1	拉伸		

续表

编号	特征	剖　面	三维建模图
2	拉伸	-1.5	
3	拉伸	2.5　1.0　3.5	
4	镜像		

5.1.4　PC 板设计

PC 板零件如图 5-6 所示，文件名为"pcboard_mm.prt"。

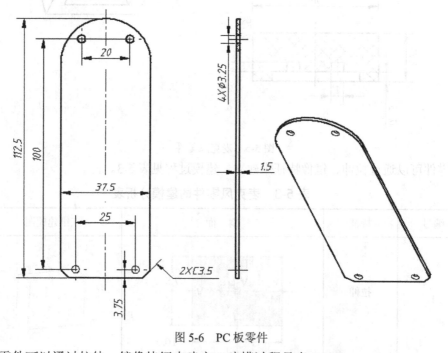

图 5-6　PC 板零件

该零件可以通过拉伸、镜像特征来建立，建模过程见表 5-4。

表 5-4　PC 板零件的建模分析表

编号	特征	剖面	三维建模图
1	拉伸(伸出项)	112.5　37.5	
2	倒角 C3.5		3.5
3	完全倒圆角		
4	孔φ3.25		
5	镜像		

5.1.5　天线设计

听筒零件如图 5-7 所示，文件名为 "antenna_mm.prt"。

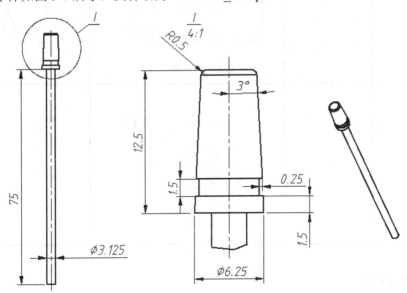

图 5-7　听筒零件

该零件可以通过旋转、拉伸和倒圆角特征来建立，建模过程见表 5-5。

表 5-5　听筒零件的建模分析表

编号	特征	剖　面	三维建模图
1	旋转(伸出项)	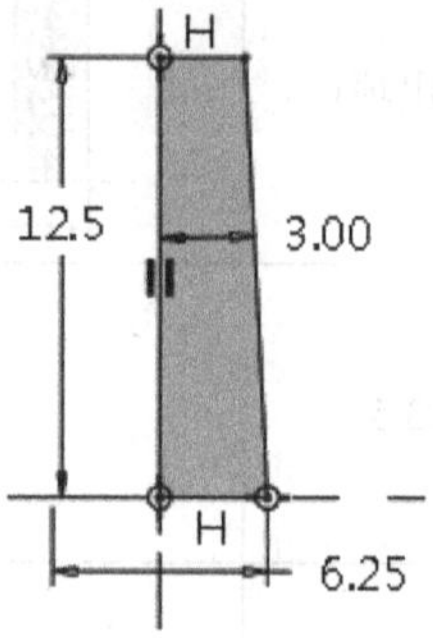 H　12.5　3.00　H　6.25	
2	倒圆角 R0.5		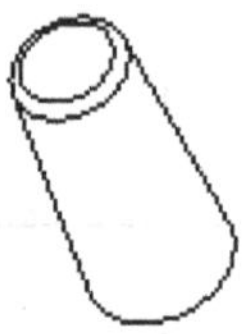
3	旋转	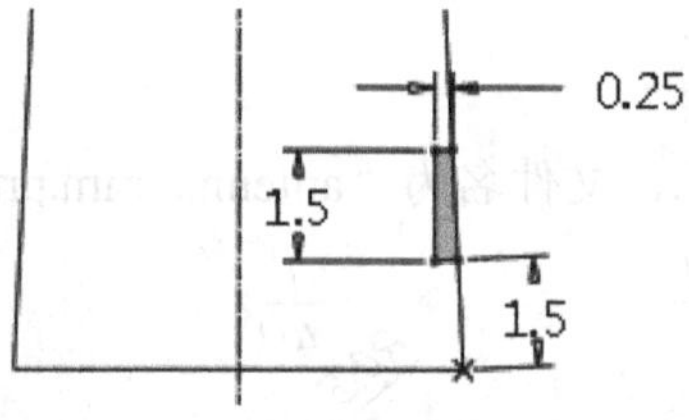 0.25　1.5　1.5	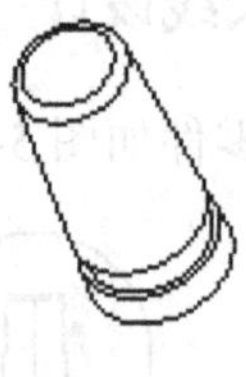
4	拉伸	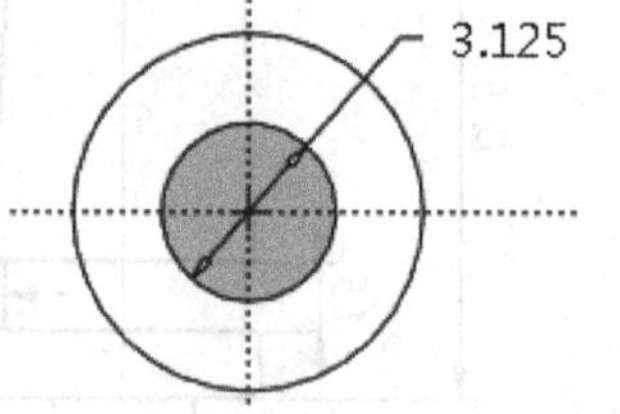 3.125	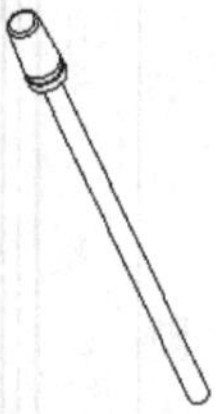

5.1.6　键盘设计

键盘零件如图 5-8 所示，文件名为 "keypad_mm.prt"。

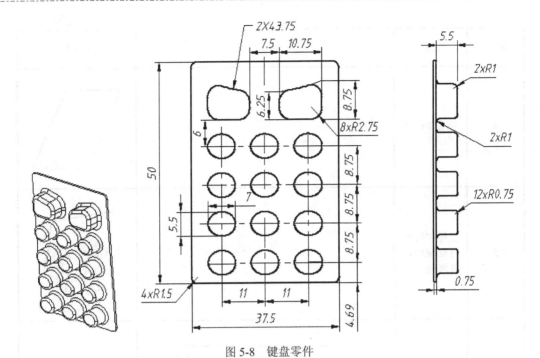

图 5-8　键盘零件

该零件可以通过拉伸、阵列和圆角特征来建立，建模过程见表 5-6。

表 5-6　键盘零件的建模分析表

编号	操作	剖　面	三维建模图
1	拉伸	37.5　50.0	
2	圆角 R1.5		
3	拉伸	7.0　5.5　4.69　11.0	

续表

编号	操作	剖　面	三维建模图
4	圆角 R0.75		
5	拉伸和圆角特征成组，并阵列		
6	拉伸	7.5　43.75　8.75　6.25　10.75　6.0	
7	倒　圆　角 R2.75 并镜像		
8	圆角 R1		

5.1.7　前盖设计

前盖零件如图 5-9 所示，文件名为"front_cover_mm.prt"，建模过程见表 5-7。

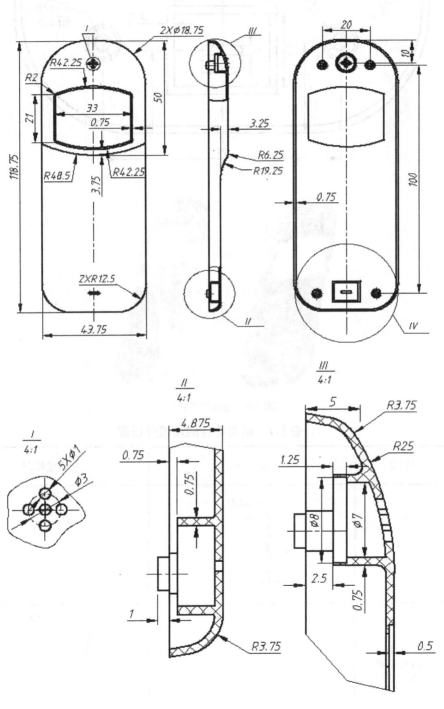

图 5-9　前盖零件(1)

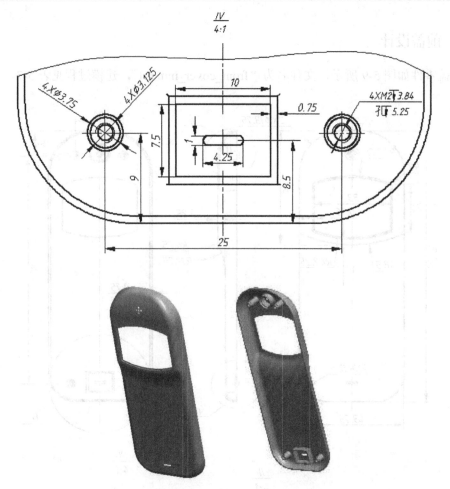

图 5-9 前盖零件(2)

表 5-7 前盖零件的建模分析表

编号	特 征	剖 面	三维建模图
1	拉伸	43.75 118.75	
2	圆角 (R18.75 和 R12.5)		R18.75 R12.5

编号	特　征	剖　面	三维建模图
3	拉伸	50 48.5	
4	拉伸 (去除材料)	5 25 T	
5	拔模斜度(10°)	10°	
6	圆角(R19.25)		R19.25
7	圆角(R6.25)		R6.25
8	圆角(R3.75)		R3.75

续表二

编号	特 征	剖 面	三维建模图
9	抽壳 (厚度 0.75)		0.75 O_THICK
10	拉伸 (去除材料)	42.25 33 21 3.75	
11	拉伸 (去除材料)	-0.75	
12	圆角 R2		R2
13	拉伸(去除材料)	10 1 3 R1 R1 R1 R1	

编号	特 征	剖 面	三维建模图
14	基准面 DTM3		DTM3 2.50
15	拉伸 (薄壁)	7 DTM3 为草绘平面壁厚 0.75	
16	拉伸 (去除材料)	8	
17	圆角 R0.75		
18	拉伸 (去除材料)	4.25 8.50 1	
19	拉伸 (薄壁)	10.00 7.50	

续表四

编号	特 征	剖 面	三维建模图
20	圆角 R0.25		R0.25
21	拉伸(伸出项)	10.00 100.00 3.75 9.00 25.00	
22	拉伸(伸出项)	3.125	
23	创建螺纹孔 M2		
24	复制移动螺纹孔		
25	倒圆角(R0.75)		
26	镜像		

5.1.8 后盖设计

后盖零件如图 5-10 所示，文件名为"back_cover_mm.prt"，建模过程见表 5-8。

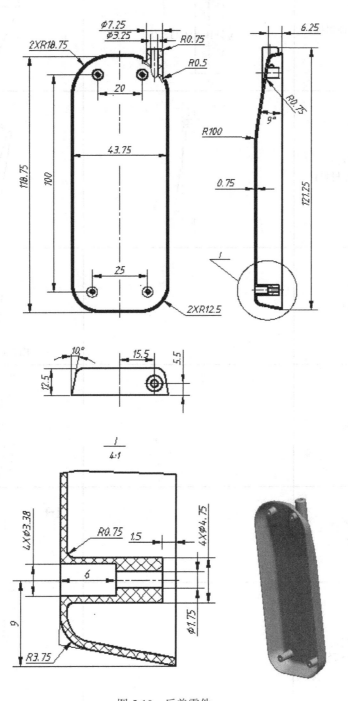

图 5-10 后盖零件

表 5-8　后盖零件的建模分析表

编号	特 征	剖 面	三维建模图
1	拉伸(伸出项)		
2	拉伸 (去除材料)		
3	圆角		
4	圆角		
5	拔模斜度 (10°)		
6	圆角 (R3.75)		

续表一

编号	特 征	剖 面	三维建模图
7	抽壳		0.75 O_THICK ←
8	拉伸 (伸长项)	5.5 7.25 15.5	
9	孔 ϕ 3.25		
10	圆角		R0.75 R0.5
11	基准面 DTM1		DTM1 1.5

续表二

编号	特 征	剖 面	三维建模图
12	拉伸 (伸长项)	20.00 100.00 25.00 4.75 9.00	
13	孔		
14	移动复制孔		
15	圆角 R0.75		R0.75
16	镜像		

注意: 关于复制和选择性粘贴的应用,以图 5-11 为例。

(1) 选中要复制移动的孔。

(a) 移动前　　　　　　　　　　　(b) 移动后

图 5-11　孔的复制移动

(2) 单击【模型】→【复制】，如图 5-12 所示。

(3) 单击 右侧的箭头，并在下拉列表中单击 选择性粘贴，如图 5-12 所示，在弹出的【选择性粘贴】对话框中，按图 5-13 进行设置，最后单击 确定(O) 按钮，弹出【移动(复制)】选项卡。

图 5-12　【模型】选项卡

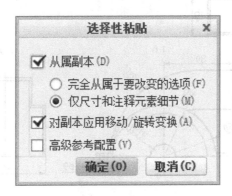

图 5-13　【选择性粘贴】对话框

(4) 在【移动(复制)】选项卡中，单击【变换】选项卡，如图 5-14 所示，单击图 5-15(a) 所示的边作为参照，移动值为 "50"，然后单击图 5-14 中的【新移动】，选择图 5-15(b) 所示的边为参照，移动值为 "40"。

(5) 单击鼠标中键，特征实现移动粘贴，如图 5-11 所示。

图 5-14 【变换】选项卡

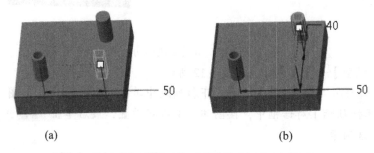

(a)   (b)

图 5-15 参照边

5.2 综合习题

1. 建立图 5-16 所示的实体模型。

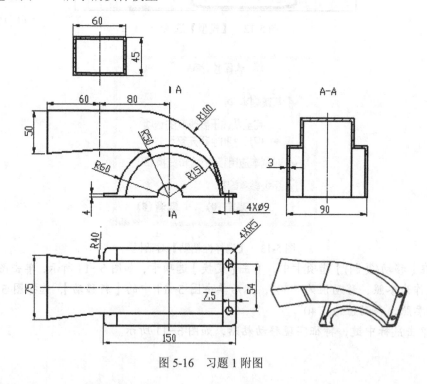

图 5-16 习题 1 附图

2. 建立图 5-17 所示的实体模型。

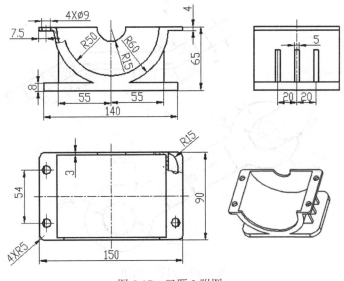

图 5-17　习题 2 附图

3. 建立图 5-18 所示的实体模型。

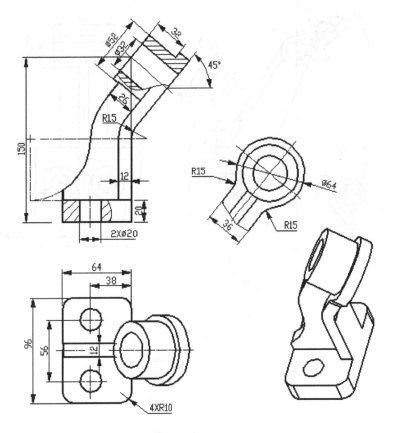

图 5-18　习题 3 附图

4. 建立图 5-19 所示的实体模型。

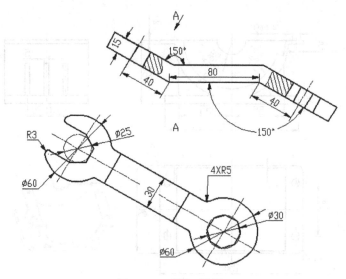

图 5-19　习题 4 附图

5. 建立图 5-20 所示的实体模型。

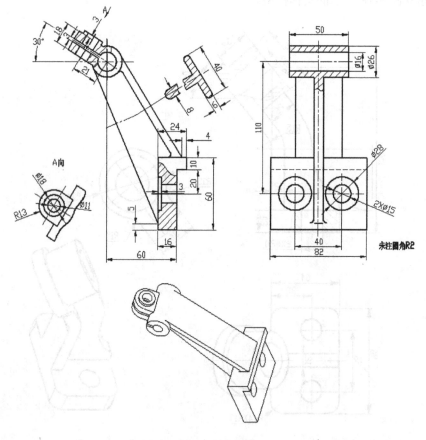

图 5-20　习题 5 附图

6. 建立图 5-21 所示的实体模型。

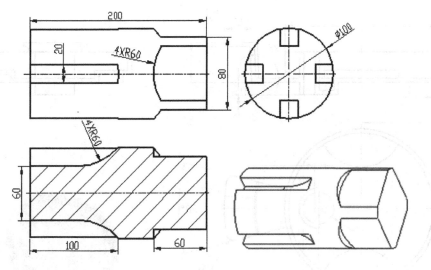

图 5-21　习题 6 附图

7. 建立图 5-22 所示的实体模型。

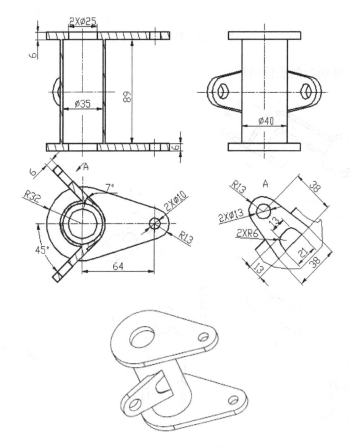

图 5-22　习题 7 附图

8. 建立图 5-23 所示的实体模型。

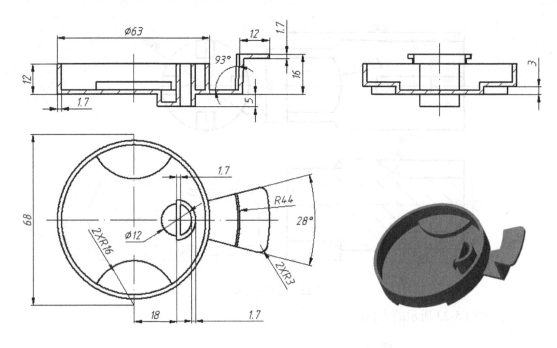

图 5-23 习题 8 附图

9. 建立图 5-24 所示的实体模型。

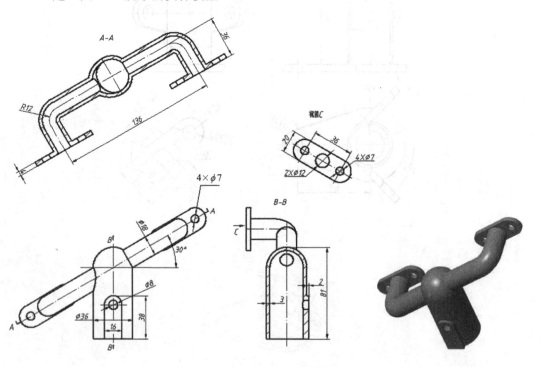

图 5-24 习题 9 附图

10. 建立图 5-25 所示的实体模型。

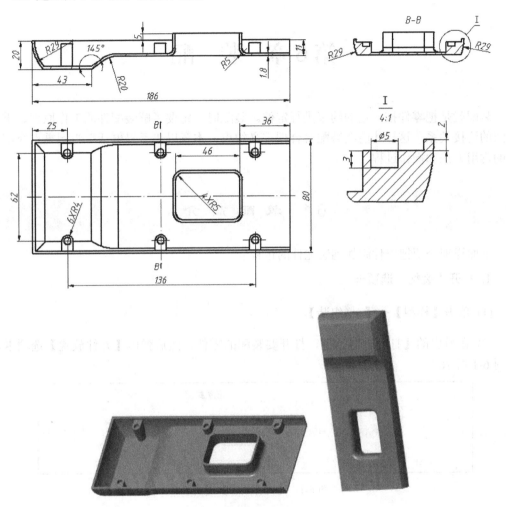

图 5-25　习题 10 附图

第6章 装 配

装配就是把零件按一定的约束进行定位。装配时一定要了解装配件的工作原理、零件之间的连接关系，这样才能在装配时合理定义约束。本章以"手提电话"为例重点介绍装配的常用方法和操作过程。

6.1 装 配 简 介

下面详细介绍把组件添加到装配件的过程。

1. 打开"装配"选项卡

(1) 单击【模型】→【🖼️组装】。

(2) 在弹出的【打开】对话框，打开要装配的零件，然后弹出【元件放置】选项卡，如图 6-1 所示。

图 6-1 【元件放置】选项卡

2. 设置装配约束

零件的约束类型如图 6-2 所示，下面详细介绍每一种约束的含义及应用。

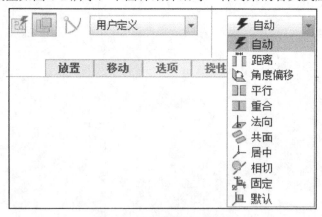

图 6-2 "约束类型"选项

(1) ⊟ 距离：从装配参考偏移元件参考。把"RIGHT"基准面和"ASM_RIGHT"基准面的距离设为"100"，图 6-3(a)为添加约束前，图 6-3(b)为添加约束后。

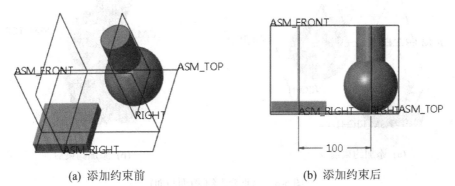

(a) 添加约束前　　　　　　　　　　　(b) 添加约束后

图 6-3　距离约束

(2) ⊿ 角度偏移：以某一角度将元件定位至装配参考。把"RIGHT"基准面和板的上表面之间的角度设为"45"，图 6-4(a)为添加约束前，6-4(b)为添加约束后。

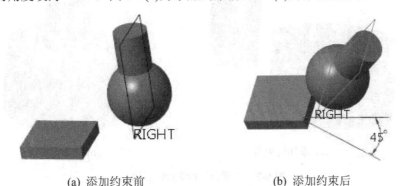

(a) 添加约束前　　　　　　　　　　　(b) 添加约束后

图 6-4　"角度"约束

(3) ▥ 平行：将元件参考定向为与装配参考平行。使"RIGHT"基准面和长方体上表面平行，图 6-5(a)为添加约束前，图 6-5(b)为添加约束后。

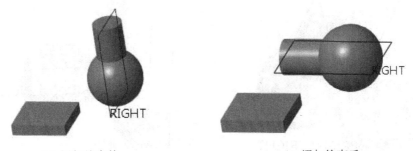

(a) 添加约束前　　　　　　　　　　　(b) 添加约束后

图 6-5　"平行"约束

(4) ▮ 重合：将元件参考定位为与装配参考重合。把"RIGHT"基准面和"ASM_RIGHT"基准面重合，图 6-6(a)为添加约束前，图 6-6(b)为添加约束后。把孔的轴线和轴的轴线重合，图 6-7(a)为添加约束前，图 6-7(b)为添加约束后。

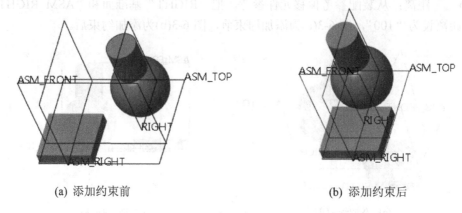

(a) 添加约束前   (b) 添加约束后

图 6-6 "重合"约束(面与面)

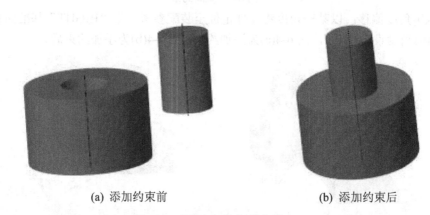

(a) 添加约束前   (b) 添加约束后

图 6-7 "重合"约束(线与线)

(5) 法向：将元件参考定位为与装配参考垂直。使"RIGHT"基准面和"ASM_RIGHT"基准面垂直，图 6-8(a)为添加约束前，图 6-8(b)为添加约束后。

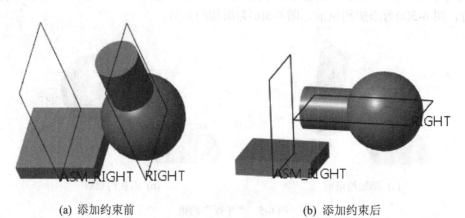

(a) 添加约束前   (b) 添加约束后

图 6-8 "法向"约束

(6) 共面：将元件参考定位为与装配参考共面。使零件的两条边共面，图 6-9(a)为添加约束前，图 6-9(b)为添加约束后。

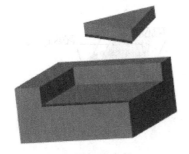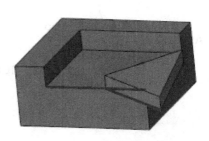

| (a) 添加约束前 | (b) 添加约束后 |

图 6-9　"共面"约束

(7) ⊥居中：居中元件参考和装配参考。使两零件的坐标系原点重合，图 6-10(a)为添加约束前，图 6-10(b)为添加约束后。

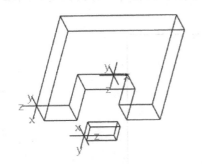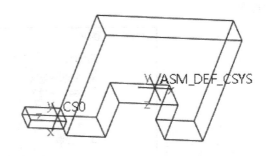

| (a) 添加约束前 | (b) 添加约束后 |

图 6-10　"居中"约束

(8) ⊘相切：定位两种不同类型的参考，使彼此相对，接触点为切点。图 6-11(a)为添加约束前，图 6-11(b)为添加约束后。

| (a) 添加约束前 | (b) 添加约束后 |

图 6-11　"相切"约束

(9) 固定：将被移动或封装的元件固定到当前位置。该约束通常用于装配中的第一个零件。

(10) 默认：用默认的装配坐标系对齐元件坐标系，此时元件呈完全约束，如图 6-12所示，图 6-12(a)为添加约束前，图 6-12(b)为添加约束后。该约束通常用于装配中的第一个零件。

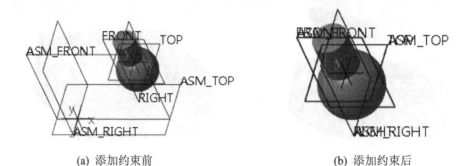

<table>
(a) 添加约束前   (b) 添加约束后
</table>

图 6-12   "默认"约束

3. 元件的"运动类型"选项

该选项可以对元件进行平移、旋转、调整等操作，如图 6-13 所示，使其更便于装配约束的选取。

图 6-13   "运动类型"选项

4. 装配结束

在【装配】选项卡中，单击 ✔ 按钮，或单击鼠标中键，装配结束。

6.2 手提电话的装配

图 6-14 是手提电话的爆炸图，图 6-15 是装配后的模型。

图 6-14   手机各组件   图 6-15   手机组装模型

1. 设定工作目录

按路径"D:\chapter_6\example"设定工作目录。

2. 建立装配文件

在快捷工具栏中单击 ⬜ ，则出现图 6-16 所示的【新建】对话框，选择【类型】为【装配】，输入文件名"cell_phone_mm"，然后单击 **确定** 按钮，弹出图 6-17 所示的【新文件选项】对话框，【模板】项选择为【mmns_asm_design】，最后点击 **确定** 按钮，进入装配界面。

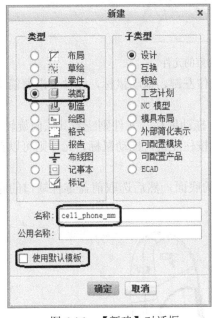

图 6-16　【新建】对话框　　　　图 6-17　【新文件选项】对话框

3. 添加基础零件

(1) 单击【模型】→【 组装】，弹出【打开】对话框，打开"front_cover_mm.prt"文件，弹出【元件放置】选项卡，如图 6-18 所示，同时，选定零件出现在图形窗口中。

图 6-18　【元件放置】选项卡

(2) 添加约束。在图 6-18 所示的【元件放置】选项卡中，将约束选为【默认】，然后单击鼠标中键，关闭选项卡。

注意：默认约束使零件的基准面与装配基准面对齐，该约束仅适用于组件中的第一个零件。

4. 装配屏幕零件

(1) 单击【模型】→【 组装】，弹出【打开】对话框，打开"lens_mm.prt"文件，则

【元件放置】选项卡出现，同时该零件出现在基础零件的旁边。

    注意：元件在装配约束添加前，其位置可以采用图 6-19 所示方式改变。

图 6-19　未约束的元件

- 某一方向平移：鼠标移动到箭头上，按住左键，拖动鼠标，元件则沿着箭头的方向移动。

- 旋转：鼠标移动到半圆上，按住左键，拖动鼠标，元件则绕着其法向旋转。

- 任意方向移动：鼠标移动到中心球上，按住左键，拖动鼠标，元件则可以在任意方向移动。

    (2) 添加"重合"约束。先选取屏幕零件的底面，然后选取前盖零件缺口的底面，如图 6-20 所示，此时系统自动添加"重合"约束。

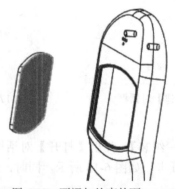

图 6-20　要添加约束的面

    (3) 添加"重合"约束。先选取屏幕零件的圆弧面，然后选取前盖零件缺口前部的圆弧面，如图 6-21 所示，【约束类型】为【重合】，此时【放置】选项卡如图 6-22 所示，约束显示为"完全约束"。

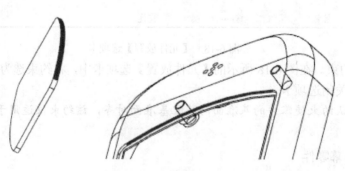

图 6-21　选取的面

图 6-22 【放置】选项卡

(4) 在【放置】选项卡中，单击取消【允许假设】，然后单击【新建约束】。

(5) 添加"重合"约束。先选取屏幕零件的"RIGHT"基准面，再选取"ASM_RIGHT"基准面，如图 6-23 所示，【约束类型】为【重合】。

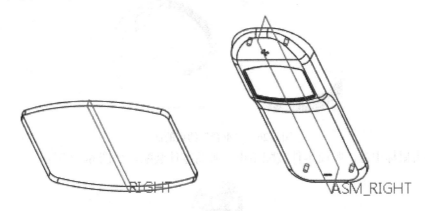

图 6-23 选取的面

(6) 单击鼠标中键，屏幕零件装配结束。装配后如图 6-24 所示。

图 6-24 屏幕零件装配后的状态

5. 装配听筒零件

(1) 单击【模型】→【 组装】，弹出【打开】对话框，打开"earpiece_mm.prt"文件，弹出【元件放置】选项卡，同时，选定零件出现在图形窗口中。

(2) 添加"重合"约束。选取图 6-25 所示的两平面，【约束类型】为【重合】。

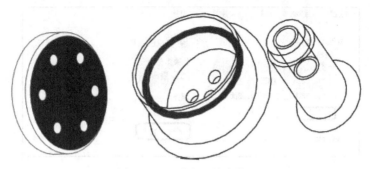

图 6-25   "重合"约束的面

(3) 添加"重合"约束。选取图 6-26 所示的两圆柱面,【约束类型】为【重合】。此时系统自动勾选【允许假设】,状态为"完全约束"。

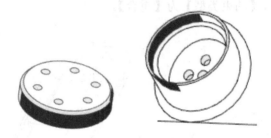

图 6-26   "重合"约束的面

(4) 单击鼠标中键,听筒零件装配结束。听筒零件装配后如图 6-27 所示。

图 6-27   听筒零件装配后的状态

注意:在零件装配时,有时是"允许假设"。当在零件装配过程中选取"允许假设"时(缺省情况),系统会自动做出约束定向假设。例如,要将螺栓完全约束至板上的孔,则需在孔和螺栓的轴之间定义"重合"约束,并在螺栓底面和板的顶面之间定义"重合"约束,此时系统将假设第三个约束,假设约束控制了轴的旋转,这样元件的约束状态就显示为"完全约束"。

6. 装配麦克风零件

(1) 单击【模型】→【🗗组装】,弹出【打开】对话框,打开"microphone_mm.prt"文件,弹出【元件放置】选项卡,同时,选定零件出现在图形窗口中。

(2) 添加"重合"约束。选取图 6-28 所示的两平面,【约束类型】为【重合】。

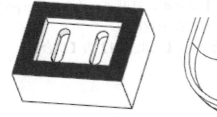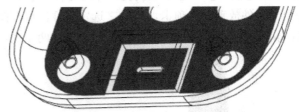

图 6-28　第一"重合"约束的面

(3) 添加"重合"约束。选取图 6-29 所示的两个面,【约束类型】为【重合】。

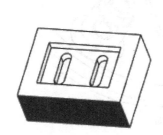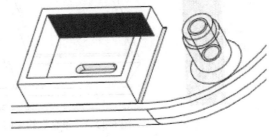

图 6-29　第二"重合"约束的面

(4) 添加"重合"约束。选取图 6-30 所示的两个面,【约束类型】为【重合】。

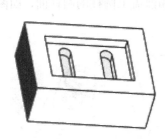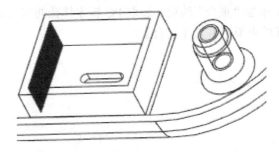

图 6-30　第三"重合"约束的面

(5) 单击鼠标中键,装配完成。麦克风零件装配后如图 6-31 所示。

图 6-31　麦克风零件装配后的状态

7. 装配 PC 板零件

(1) 单击【模型】→【组装】，弹出【打开】对话框，打开"pc_board_mm.prt"文件，弹出【元件放置】选项卡，同时，选定零件出现在图形窗口中。

(2) 添加"重合"约束。选取图 6-32 所示的两平面，【约束类型】为【重合】。

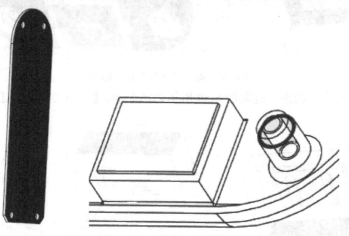

图 6-32   "重合"约束的面

(3) 添加"重合"约束。选取 PC 板零件的"RIGHT"基准面和"ASM_RIGHT"基准面，【约束类型】为【重合】。

(4) 添加"重合"约束。选取 PC 板零件孔的内表面和前盖上圆柱的圆柱面，如图 6-33 所示，【约束类型】为【重合】。

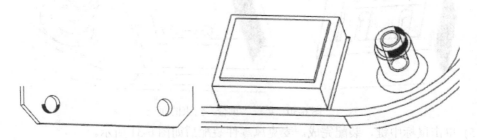

图 6-33   "重合"约束的面

(5) 单击鼠标中键，装配完成。PC 板零件装配后如图 6-34 所示。

图 6-34   PC 板零件装配后的状态

8. 装配键盘零件

键盘不是直接装配到前盖上，而是装配到 PC 板上，故为装配方便，可以把前盖零件隐藏起来。

(1) 在"模型树"中，右键单击选取"front_cover_mm.prt"，然后从快捷菜单中选取【隐藏】。

(2) 单击【模型】→【组装】，弹出【打开】对话框，打开"keypad_mm.prt"文件，弹出【元件放置】选项卡，同时，选定零件出现在图形窗口中。

(3) 添加"重合"约束。选取图 6-35 所示的两平面，【约束类型】为【重合】。

图 6-35　"重合"约束的面

(4) 添加"重合"约束。选取 PC 板零件的"RIGHT"基准面和"ASM_RIGHT"基准面，【约束类型】为【重合】。

(5) 添加"距离"约束。选取图 6-36 所示的面，【约束类型】为【距离】，距离值为"10 或－10"。

图 6-36　"距离"约束的面

(6) 单击鼠标中键，装配完成。键盘零件装配后如图 6-37 所示。

图 6-37　键盘零件装配后的状态

9. 为前盖零件创建切口

注意：键盘安装好后，可以取消对前盖的隐藏。但键盘按钮的高度超出手机盖的厚度，故前盖与键盘会发生干涉。解决的方法之一是使用"切除"，用键盘尺寸修改前盖，此时孔将作为组件特征传递回前盖零件。

(1) 取消对前盖的隐藏。从"模型树"中右键单击选取"front_cover_mm.prt"，然后从快捷菜单中选取【取消隐藏】。

(2) 为前盖零件创建切口。单击【模型】→【元件】→【元件操作】，如图 6-38 所示，从弹出的菜单中选择【切除】。

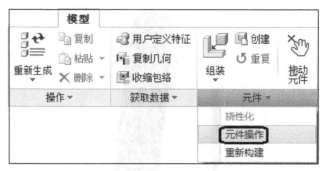

图 6-38　【元件】选项卡

(3) 单击选取"前盖"零件，再单击鼠标中键。

(4) 单击选取"键盘"零件作为切口的参考零件，然后单击鼠标中键。

(5) 在【选项】菜单中，单击【完成】，然后单击鼠标中键，切除完成。

(6) 隐藏"键盘"和"PC 板"零件，查看前盖切口，如图 6-39 所示。

图 6-39　前盖切口

(7) 取消"前盖"隐藏。

10. 装配后盖零件

(1) 单击【模型】→【🗗组装】，弹出【打开】对话框，打开"back_cover_mm.prt"文件，弹出【元件放置】选项卡，同时，选定零件出现在图形窗口中。

(2) 添加"重合"约束。选取后盖的"TOP"基准面和"ASM_TOP"基准面，【约束类型】为【重合】。

(3) 添加"重合"约束。选取后盖的"RIGHT"基准面和"ASM_RIGHT"基准面,【约束类型】为【重合】。

(4) 添加"重合"约束。选取后盖的"FRONT"基准面和"ASM_FRONT"基准面,【约束类型】为【重合】。

(5) 单击鼠标中键,后盖零件装配完成。后盖零件装配后如图 6-40 所示。

图 6-40　后盖零件装配后的状态

11. 装配天线零件

(1) 单击【模型】→【 组装】,弹出【打开】对话框,打开"antenna_mm.prt"文件,弹出【元件放置】选项卡,同时,选定零件出现在图形窗口中。

(2) 添加"重合"约束。选取图 6-41 所示的两平面,【约束类型】为【重合】。

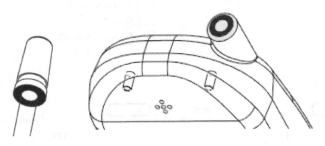

图 6-41　"重合"约束的面

(3) 添加"重合"约束。选取图 6-42 所示的两条轴线,【约束类型】为【重合】。

(4) 在【放置】选项卡中勾选【允许假设】。

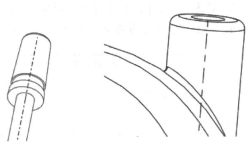

图 6-42　"对齐"约束的轴线

(5) 单击鼠标中键，天线零件装配完成。天线零件装配后如图 6-43 所示。

图 6-43　天线零件装配后的状态

12. 创建组件的分解视图

分解视图用于显示组件中的零件之间的关系。分解视图不会影响组件约束或最终的零件位置。

(1) 单击【视图】→【🖼管理视图】，弹出图 6-44(a)所示的【视图管理器】对话框。

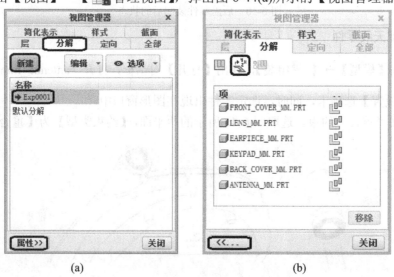

| (a) | (b) |

图 6-44　【视图管理器】对话框

(2) 新建分解视图。单击【视图管理器】对话框中的【分解】选项卡，再单击【新建】，出现分解视图的缺省名称，按回车键接受该名称。

(3) 单击图 6-44(a)中的 属性>> 按钮，再单击图 6-44(b)中的 👷 按钮，弹出【分解工具】选项卡，如图 6-45 所示，元件的"运动类型"为 🔲。

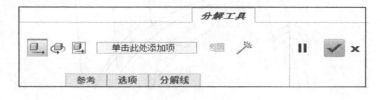

图 6-45　【分解工具】选项卡

(4) 拖动零件。单击选取零件元件，如图 6-46 所示，按住箭头将其拖动到分解视图中所需的位置。所有零件拖动完后，单击【分解工具】选项卡中的 ✔ 按钮，或单击鼠标中键结束，返回【视图管理器】。

图 6-46　零件拖动

(5) 保存分解视图。单击图 6-44(b)【视图管理器】对话框左下角的 «... 按钮，然后单击图 6-44(a)【视图管理器】中的【编辑】→【保存】，保存分解视图。

(6) 在弹出的【保存显示元素】对话框中，单击 确定(O) 按钮，然后单击【视图管理器】中的 关闭 按钮。分解视图如图 6-47 所示。

图 6-47　分解视图

(7) 取消分解视图。单击【视图】→【 ∷ 分解图】，则分解视图变为装配视图。

13. 修改天线的放置约束

(1) 在"模型树"中右键单击"antenna_mm.prt"，然后从快捷菜单中选择 🖌。

(2) 在【元件放置】的【放置】选项卡中，把【重合】约束修改为【距离】，距离值为"50"。

(3) 单击鼠标中键，约束修改完成。

14. 修改零件尺寸值

注意：在"组件"模式下修改零件尺寸时，更改将自动在"零件"和"绘图"模式中更新。

(1) 在"模型树"中右键单击"ANTENNA_MM.PRT"，从快捷菜单中选择【激活】，如图 6-48 所示。

(2) 双击天线末端，尺寸值显示在模型上。

(3) 双击要修改的尺寸值"12.50"，输入新值"25"，然后按回车键。

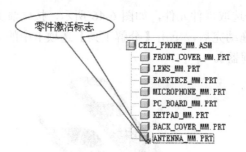

图 6-48　零件激活标志

(4) 单击【模型】→【📇重新生成】，零件模型更改。

(5) 激活装配。在"模型树"中右键单击"CELL_PHONE_MM.ASM"，从快捷菜单中选择【激活】。

注意： 零件尺寸值的修改，也可以在"零件"模式下进行。

(1) 在"模型树"中右键单击"antenna_mm.prt"，从快捷菜单中选择【打开】，则进入"零件"模式。

(2) 在"零件"模式下修改零件。

(3) 单击【文件】→【保存】，保存零件。

(4) 单击【文件】→【关闭】，返回到装配窗口。

6.3　习　题

1. 按图 6-49、图 6-50、图 6-51、图 6-52 绘制各个零件模型，并按图 6-53 所示装配。

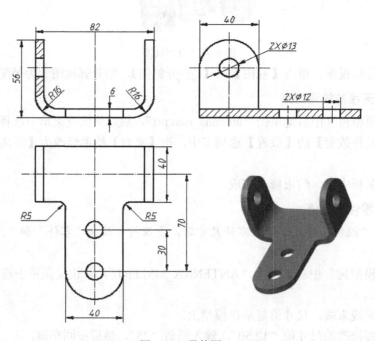

图 6-49　零件图 1

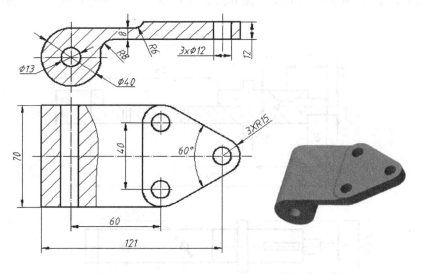

图 6-50 零件图 2

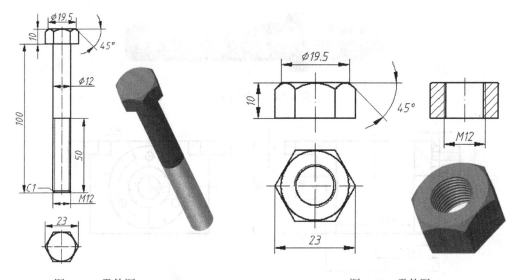

图 6-51 零件图 3   图 6-52 零件图 4

图 6-53 装配示意图

2. 按图 6-54、图 6-55、图 6-56、图 6-57、图 6-58 绘制各个零件模型，并按图 6-59 所示装配。

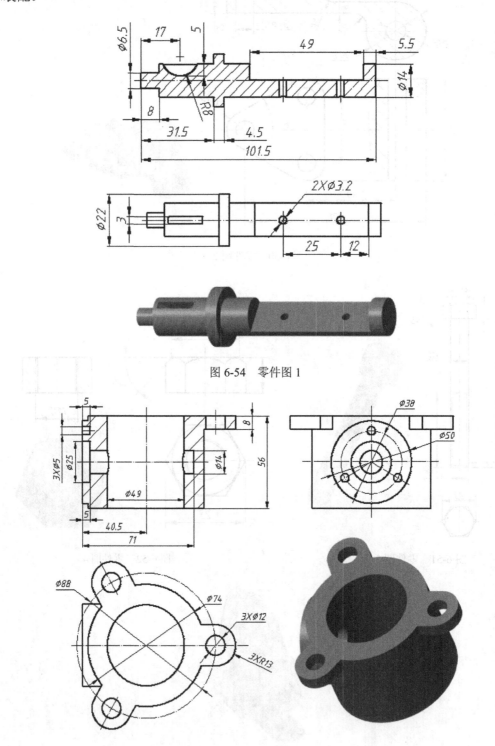

图 6-54　零件图 1

图 6-55　零件图 2

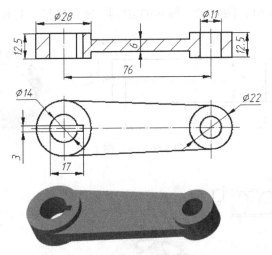

图 6-56 零件图 3

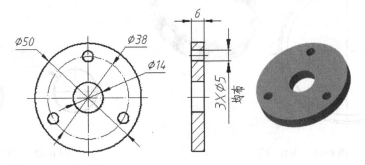

图 6-57 零件图 4

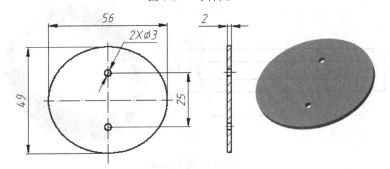

图 6-58 零件图 5

图 6-59 装配示意图

3. 按图 6-60、图 6-61、图 6-62、图 6-63 绘制各零件模型，并按图 6-64 所示装配。

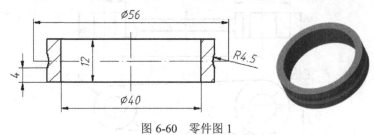

图 6-60　零件图 1

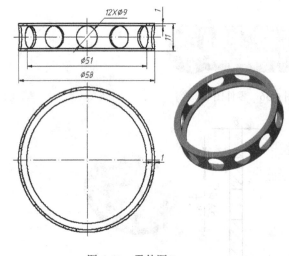

图 6-61　零件图 2

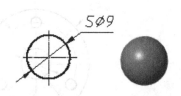

图 6-62　零件图 3

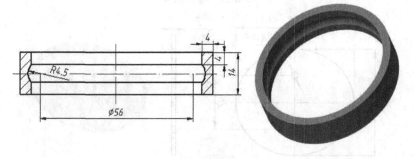

图 6-63　零件图 4

图 6-64　装配示意图

第 7 章　曲 面 建 模

　　曲面建模用于构造用实体建模方法无法创建的复杂形状。曲面建模创建的曲面，既可转化成薄壁件，也能转化成实体。本章主要介绍一些简单曲面模型的建立和编辑。

7.1　拉伸曲面实例

　　拉伸曲面实例如图 7-1 所示。

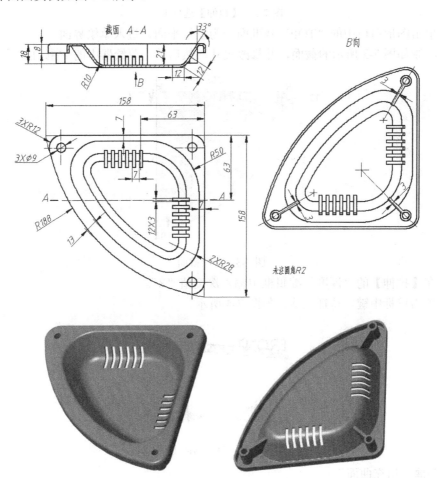

图 7-1　拉伸曲面实例

该零件涉及拉伸曲面、曲面的合并、填充曲面、加厚等。

1. 设定工作目录。

将工作目录设为"D:\chapter_7\example"。

2. 建立文件

建立文件，文件名为"surface_1"，单位为公制。

3. 创建"拉伸曲面 1"

(1) 单击【模型】→【 拉伸】，"类型"为 ，如图 7-2 所示。

图 7-2   【拉伸】选项卡

(2) 单击图形窗口中的"TOP"基准面作为草绘平面，进入草绘界面。

(3) 绘制如图 7-3 所示的截面，并修改尺寸，然后单击草绘器中的✔按钮。

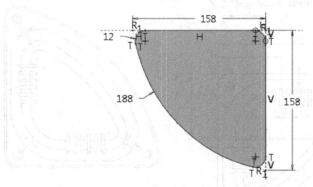

图 7-3   草绘截面

(4) 在【拉伸】的"深度"编辑框中输入深度值"8"。

(5) 单击鼠标中键，特征生成，如图 7-4 所示。

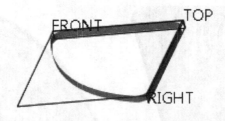

图 7-4   拉伸曲面 1

4. 创建"填充曲面"

(1) 单击【模型】→【 填充】。

(2) 单击图形窗口中的"TOP"基准面作为草绘平面，进入草绘界面。

(3) 单击【 ▢ 投影】，然后单击"拉伸曲面 1"的边界，如图 7-5 所示。

注意：使用【 ▢ 投影】命令可以创建几何，方法是将选定的模型曲线或边投影到草绘平面上。系统将图元端点与边的端点对齐。创建的图元具有"～"约束符号。

(4) 单击鼠标中键，特征生成，如图 7-6 所示。

图 7-5　填充截面

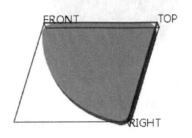

图 7-6　填充特征

5. 创建"拉伸曲面 2"

(1) 单击【模型】→【 ⬚ 拉伸】，"类型"为 ▢ 。

(2) 单击图形窗口中的"TOP"基准面作为草绘平面，进入草绘界面。

(3) 绘制如图 7-7 所示的截面，并修改尺寸，然后单击草绘器中的 ✔ 按钮。

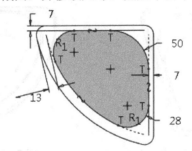

图 7-7　草绘截面

(4) 在【选项】选项卡中，按图 7-8 进行设置。

(5) 单击鼠标中键，特征生成，如图 7-9 所示。

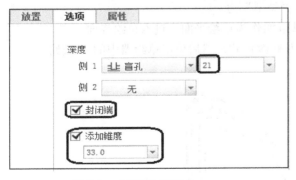

图 7-8　【选项】选项卡

图 7-9　拉伸曲面 2

6. 合并曲面

(1) 按住"Ctrl"键的同时单击选取"填充面"和"拉伸曲面 2"。

(2) 单击【模型】→【⬭合并】，然后单击箭头调整保留侧，如图 7-10(a)所示。

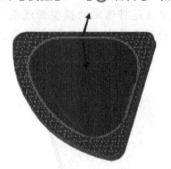

(a) 被合并的曲面　　　　　　　　　　　(b) 合并后的曲面

图 7-10　合并曲面

注意： 箭头指向将被包括在合并面组中保留面的一侧。

(3) 单击鼠标中键，曲面合并完成，如图 7-10(b)所示。

(4) 重复步骤(1) ～(3)，把"合并曲面"和"拉伸曲面 1"进行合并。

7. 倒圆角

(1) 对合并曲面上表面的两条边倒圆角，如图 7-11 所示，圆角半径为 R2。

图 7-11　倒 R2 圆角的边　　　　　　　图 7-12　倒 R10 圆角的边

(2) 对合并曲面底部的棱边倒圆角，如图 7-12 所示，圆角半径为 R10。

8. 创建"拉伸曲面 3"

(1) 单击【模型】→【⬦拉伸】，"类型"为 ⬭。

(2) 单击图形窗口中的"TOP"基准面作为草绘平面，进入草绘界面。

(3) 绘制如图 7-13 所示的截面，并修改尺寸，然后单击草绘器中的✔按钮。

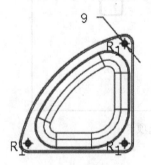

图 7-13　草绘截面

(4) 在【拉伸】的"深度"编辑框中输入深度值"18"。

(5) 单击鼠标中键，特征生成，如图 7-14 所示。

图 7-14　拉伸曲面 3

9. 合并曲面

(1) 按住"Ctrl"键的同时单击选取"合并曲面"和"拉伸曲面 3"。

(2) 单击【模型】→【□ 合并】，然后单击箭头调整保留侧。

(3) 单击鼠标中键，曲面合并完成，如图 7-15 所示。

图 7-15　合并后的曲面

10. 加厚

(1) 选中上一步合并后的曲面。

(2) 单击【模型】→【□ 加厚】，则打开【加厚】选项卡，如图 7-16 所示。

图 7-16　【加厚】选项卡

(3) 在【加厚】选项卡中，在"厚度"编辑框中输入值"2"，然后单击 按钮调整加厚的方向。

(4) 单击鼠标中键，特征生成。

11. 轨迹筋

(1) 单击【模型】，然后单击【筋】右侧的箭头，选择【 轨迹筋】。

(2) 选择圆柱底面为草绘平面，如图 7-17 所示，然后进入草绘界面。

(3) 绘制图 7-18 所示的 3 条轨迹，绘制完成后，单击草绘器中的 ✔ 按钮。

(4) 在【▤轨迹筋】选项卡的"宽度"编辑框中输入"3"。

(5) 单击 ✔ 按钮，特征生成。

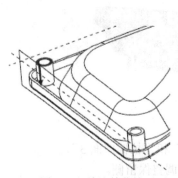
图 7-17　轨迹筋草绘平面

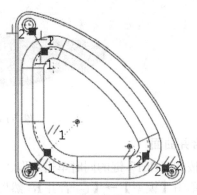
图 7-18　筋的轨迹

12. 创建基准面

以"RIGHT"基准面作为参照，偏移"63"，创建"DTM1"基准面，如图 7-19 所示。

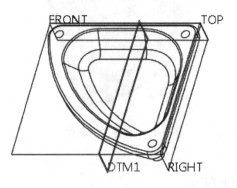
图 7-19　基准面 DTM1

13. 创建拉伸槽

(1) 单击【模型】→【▤拉伸】。

(2) 单击图形窗口中的"DTM1"基准面作为草绘平面，进入草绘界面。

(3) 绘制如图 7-20 所示的截面，并修改尺寸，然后单击草绘器中的✔按钮。

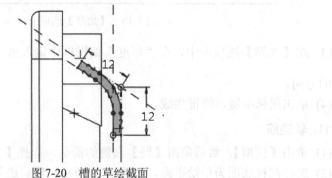
图 7-20　槽的草绘截面

(4) 按图 7-21 所示的选项卡进行设置，然后单击鼠标中键，特征生成。

图 7-21 【拉伸】选项卡

14. 拉伸槽阵列

(1) 单击【模型】→【⊞阵列】。

(2) 选择"方向"来定位阵列，如图 7-22 所示，然后单击"DTM1"，定义阵列方向。

(3) 选择阵列数为"6"，阵列间距为"7"。

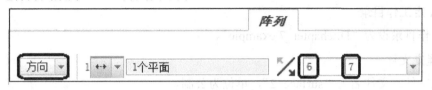

图 7-22 【阵列】选项卡

(4) 单击鼠标中键，阵列生成，如图 7-23 所示。

图 7-23 后侧槽及阵列

15. 创建右侧拉伸槽并阵列

参照第 12、13 和 14 步创建图 7-24 所示的槽。

图 7-24 右侧槽及阵列

16. 保存文件

按照前面介绍的方法保存文件。

7.2 旋转曲面实例

旋转曲面实例图如图 7-25 所示。

图 7-25　旋转曲面实例图

该零件涉及旋转曲面、曲面的合并、边界曲面、曲面镜像、加厚等。

1. 设定工作目录

将工作目录设为"D:\chapter_7\example"。

2. 建立文件

建立文件，文件名为"surface_2"，单位为公制。

3. 创建"旋转曲面"

(1) 单击【模型】→【 旋转】，"类型"为 。

(2) 单击图形窗口中的"FRONT"基准面作为草绘平面，进入草绘界面。

(3) 绘制如图 7-26 所示的截面，并修改尺寸，然后单击草绘器中的 按钮。

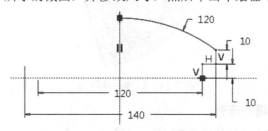

图 7-26　草绘截面

(4) 在【拉伸】的"角度"编辑框中输入"360"。

(5) 单击鼠标中键，特征生成。

4. 草绘曲线 1

(1) 创建基准面。创建平行于"FRONT"基准面且距离为"70"的基准面"DTM1"。

(2) 单击【模型】→【 草绘】。

(3) 在图形窗口中，选择"DTM1"基准面作为草绘平面，进入草绘窗口。

(4) 绘制图 7-27 所示的曲线 1，然后单击草绘器中的 按钮。

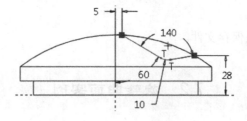

图 7-27　曲线 1

5. 镜像曲线

(1) 选中上一步建立的曲线，然后单击【镜像】→【 🔳 镜像】。

(2) 选择 "FRONT" 基准面作为镜像面。

(3) 单击鼠标中键，镜像曲线如图 7-28 所示。

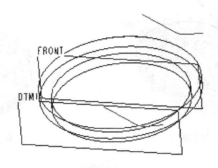

图 7-28　镜像曲线

6. 绘制曲线 2

(1) 单击【模型】→【 ∿ 草绘】。

(2) 在图形窗口中，选择 "FRONT" 基准面作为草绘平面，进入草绘窗口。

(3) 绘制图 7-29 所示的曲线 2，然后单击草绘器中的 ✔ 按钮。

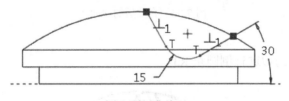

图 7-29　曲线 2

7. 创建边界曲面

(1) 单击【模型】→【 🗗 边界混合】。

(2) 按住 "Ctrl" 键的同时依次选择 "曲线 1"、"曲线 2" 和 "镜像曲线"。

(3) 单击鼠标中键，结束曲面创建。

8. 镜像曲面

以 "RIGHT" 基准面作为参照面，镜像 "边界混合曲面"，如图 7-30 所示。

图 7-30　镜像曲面

9. 合并曲面

(1) 选择图 7-31 所示的两组曲面进行合并。

(2) 选择图 7-32 所示的两组曲面进行合并，曲面合并后如图 7-33 所示。

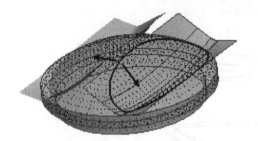
图 7-31　合并的曲面

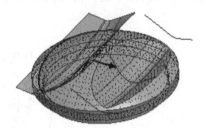
图 7-32　合并的曲面

图 7-33　合并后的曲面

10. 倒圆角

选取图 7-34 所示的边进行倒圆角 R3。

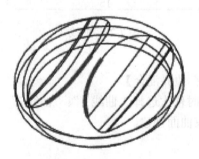
图 7-34　倒圆角的边

11. 曲面加厚

(1) 选中上一步合并后的曲面。

(2) 单击【模型】→【◰ 加厚】，则打开【加厚】选项卡。

(3) 在【加厚】选项卡中，在"厚度"编辑框中输入值"1.5"，然后单击 ⚄ 按钮调整加厚的方向。

(4) 单击鼠标中键，特征生成。

12. 隐藏基准面和草绘曲线

(1) 在"模型树"中，单击图 7-35 所示的选项，打开"层树"。

(2) 在图 7-36 所示的"层树"中，右键单击其中两个选项，从弹出的菜单中选择【隐藏】。

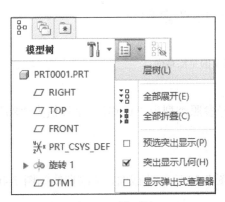

图 7-35　模型树

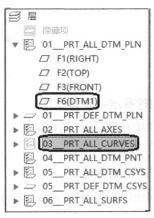

图 7-36　层树

13. 保存文件

按前面介绍的方法保存文件。

7.3　边界曲面实例

边界曲面实例图如图 7-37 所示。

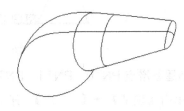

图 7-37　边界曲面实例图

该零件涉及边界曲面、曲面的合并、曲面镜像、加厚等。

1. 设定工作目录

将工作目录设为"D:\chapter_7\example"。

2. 建立文件

建立文件，文件名为"surface_3"，单位为公制。

3. 创建草绘曲线 1

(1) 单击【模型】→【　草绘】，弹出【草绘】对话框。

(2) 在图形窗口中，选择"TOP"基准面作为草绘平面，然后单击　草绘　，入草绘窗口。

(3) 绘制图 7-38 所示的曲线 1，然后单击草绘器中的✔按钮。

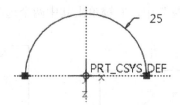

图 7-38　曲线 1 的草绘截面

4. 创建基准平面 DTM1

以 "RIGHT" 基准面作为参照平面，选择参照类型为 "偏移"、平移值为 "80"，创建 "DTM1" 基准面。

5. 创建草绘曲线 2

以基准面 "DTM1" 为草绘平面，绘制如图 7-39 所示的截面，草绘曲线如图 7-40 所示。

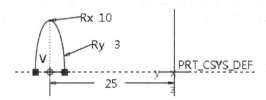

图 7-39　草绘曲线 2 的截面

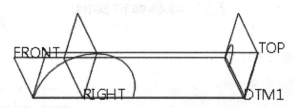

图 7-40　草绘曲线 2

6. 创建基准点 PNT0、PNT1、PNT2 和 PNT3

(1) 单击【模型】→【×× 点】，弹出【基准点】对话框。

(2) 在图形窗口中，单击 "草绘曲线 2" 的端点为参照，基准点 PNT0 建立。

(3) 按上述方法建立基准点 PNT1、PNT2 和 PNT3，如图 7-41 所示。

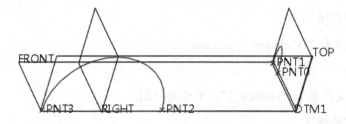

图 7-41　基准点 PNT0、PNT1、PNT2 和 PNT3

7. 创建草绘曲线 3

以 "FRONT" 基准面作为草绘平面，绘制图 7-42(a)所示的线条，生成的草绘曲线如图 7-42(b)所示。

注意：在标有尺寸"7.5"和"8.7"的位置断开样条曲线。

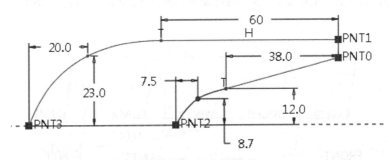

(a) 草绘曲线 3 的截面

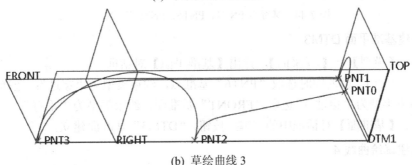

(b) 草绘曲线 3

图 7-42 草绘曲线 3 的创建

8. 创建基准平面 DTM2

以"RIGHT"基准面作为参照平面，选择参照类型为"偏移"、平移值为"50"，生成的"DTM2"基准面如图 7-43 所示。

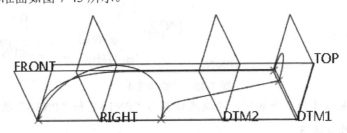

图 7-43 基准面 DTM2

9. 创建基准点 PNT4 和 PNT5

(1) 单击【模型】→【点】，弹出【基准点】对话框。

(2) 在图形窗口中，按住"Ctrl"键的同时选取"草绘曲线 3"和"基准面 DTM2"作为参照。

(3) 单击【基准点】对话框中的 确定 按钮，"PNT4"基准点建立。

(4) 按上述方法建立"PNT5"基准点，如图 7-44 所示。

10. 创建基准点 PNT6 和 PNT7

(1) 单击【模型】→【点】，弹出【基准点】对话框。

(2) 在图形窗口中，选取"草绘曲线 3"直线部分的端点为参照，属性为"在其上"。

(3) 单击【基准点】对话框中的 确定 按钮，"PNT6"基准点建立。

(4) 按上述方法在"基准曲线 3"的样条曲线断开的位置，创建"PNT7"基准点，如图 7-44 所示。

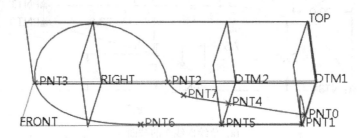

图 7-44　基准点 PNT4、PNT5、PNT6 和 PNT7

11. 创建基准平面 DTM3

(1) 单击【模型】→【▱平面】，弹出【基准平面】对话框。

(2) 按住"Ctrl"键的同时选取"PNT6"基准点，约束类型为"穿过"；选择"PNT7"基准点，约束类型为"穿过"；选取"FRONT"基准面，约束类型为"垂直"。

(3) 单击【基准面】对话框中的 确定 按钮，"DTM3"基准面建立。

12. 创建草绘曲线 4

以"DTM2"基准面作为草绘平面，创建图 7-45 所示的草绘曲线。

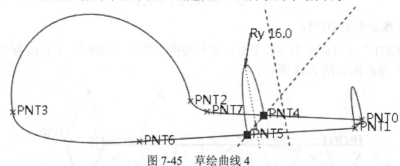

图 7-45　草绘曲线 4

注意：草绘曲线 4 为半个椭圆，两端点分别与"PNT4"和"PNT5"共点。

13. 创建草绘曲线 5

以"DTM3"基准面为草绘平面，创建图 7-46 所示的草绘曲线。

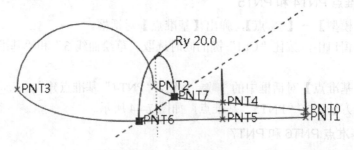

图 7-46　草绘曲线 5

注意：草绘曲线 5 为半个椭圆，两端点分别和"PNT6"和"PNT7"共点。

14. 创建草绘曲线 6

以"FRONT"基准面作为草绘平面，绘制图 7-47 所示的截面。

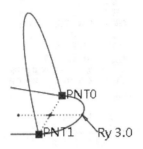

图 7-47 草绘曲线 6

注意： 草绘曲线 6 为半个椭圆，两端点分别和"PNT1"和"PNT0"共点。

15. 创建边界曲面 1

(1) 单击【模型】→【边界混合】，弹出【边界混合】选项卡，如图 7-48 所示。

图 7-48 【边界混合】选项卡

(2) 按住"Ctrl"键的同时依次选取图 7-49 所示的四条曲线为第一方向曲线链。

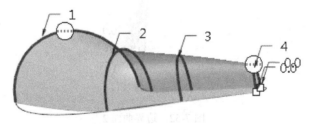

图 7-49 第一方向曲线

(3) 单击图 7-48 所示的"第二方向链"收集器，然后按住"Ctrl"键的同时依次选取图 7-50 所示的两条曲线为第二方向曲线链。

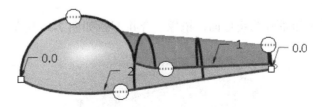

图 7-50 第二方向曲线

(4) 设置约束类型。单击【边界混合】选项卡中的【约束】选项，按图 7-51 进行设置。

(5) 单击鼠标中键，边界曲面生成。

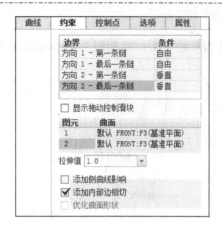

图 7-51　【边界混合】选项卡中的【约束】选项

16. 创建边界曲面 2

(1) 单击【模型】→【⬚边界混合】，弹出【边界混合】选项卡。

(2) 按住 "Ctrl" 键的同时依次选择 "草绘曲线 2" 和 "草绘曲线 6"，如图 7-52 示。

(3) 设置约束类型。单击选项卡中的【约束】选项，在该界面的【边界】列表区域中将方向 1 的第一条链的条件设为 "相切"，参照曲面为 "边界曲面 1"；在【边界】列表区域中将方向 2 的最后一条链的条件设为 "垂直"，参照曲面为默认的 FRONT 基准面。

(4) 单击鼠标中键，边界曲面 2 生成。

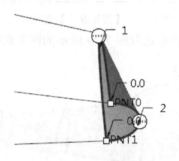

图 7-52　边界曲面 2

17. 合并曲面

将 "边界曲面 1" 和 "边界曲面 2" 进行合并，创建 "合并 1"。

18. 镜像曲面

以 "FRONT" 基准面作为镜像面，镜像 "合并 1"，如图 7-53 所示。

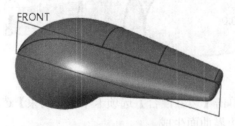

图 7-53　镜像曲面

19. 曲面合并

把曲面"合并 1"和"镜像 1"进行合并，得到"合并 2"曲面。

20. 加厚

(1) 选中曲面"合并 2"。

(2) 单击【模型】→【□加厚】，打开【加厚】选项卡。

(3) 在"加厚偏移值"编辑框中输入"0.5"。

(4) 单击鼠标中键，特征生成。

21. 隐藏基准面、基准点和草绘

按照前面介绍的方法隐藏基准面、基准点和草绘。

22. 保存文件

按照前面介绍的方法保存文件。

7.4　综合曲面实例

综合曲面实例图如图 7-54 所示。

图 7-54　综合曲面实例图

该零件涉及边界曲面、曲面的合并、曲面镜像、曲面偏移和加厚等。

1. 设定工作目录

将工作目录设为"D:\chapter_7\example"。

2. 建立文件

建立文件，文件名为"surface_4"，单位为公制。

3. 创建草绘曲线 1

(1) 单击【模型】→【✑草绘】，弹出【草绘】对话框。

(2) 在图形窗口中，选择"TOP"基准面作为草绘平面，然后单击 草绘 按钮进入草绘窗口。

(3) 绘制图 7-55 所示的曲线 1，然后单击草绘器中的✔按钮。

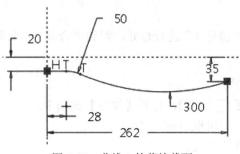

图 7-55　曲线 1 的草绘截面

4. 镜像曲线 1

以 "FRONT" 基准面作为参考，镜像 "曲线 1"，如图 7-56 所示。

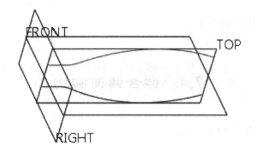

图 7-56　曲线 1 的镜像

5. 草绘曲线 2

以 "RIGHT" 基准面作为草绘平面，绘制图 7-57 所示的半圆。

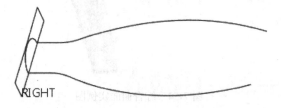

图 7-57　曲线 2

注意："曲线 2" 的端点分别和 "曲线 1" 及 "镜像曲线 1" 的端点重合。

6. 创建基准平面 DTM1

以 "RIGHT" 基准面作为参照平面，参照类型为 "偏移"，平移值为 "160"，创建 "DTM1" 基准面，如图 7-58 所示。

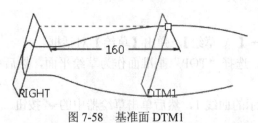

图 7-58　基准面 DTM1

7. 创建基准点

以"DTM1"和"曲线 1"为参考，创建基准点"PNT0"；以"DTM1"和"镜像曲线
1"为参考，创建基准点"PNT1"，如图 7-59 所示。

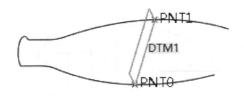

图 7-59　基准点 PNT0 和 PNT1

8. 绘制草绘曲线 3

以"DTM1"为草绘平面，绘制如图 7-60 所示的圆弧。

注意：圆弧 R51 的端点分别和"PNT0"点和"PNT1"点重合。

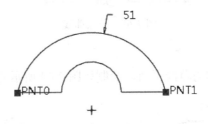

图 7-60　草绘曲线 3

9. 创建基准平面 DTM2

以"曲线 1"的端点和"RIGHT"基准面作为参考，创建"DTM2"基准面。

10. 绘制草绘曲线 4

以"DTM2"基准面作为草绘平面，绘制如图 7-61 所示的圆弧。

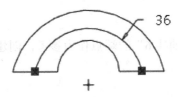

图 7-61　草绘曲线 4

注意：圆弧 R36 的端点分别和"曲线 1"和"镜像曲线 1"的端点重合。

11. 绘制草绘曲线 5

以"TOP"基准面作为草绘平面，绘制如图 7-62 所示的圆弧。

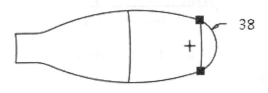

图 7-62　草绘曲线 5

注意：圆弧 R38 的端点分别和"曲线 1"和"镜像曲线 1"的端点重合。

12. 绘制草绘曲线 6

以"TOP"基准面作为草绘平面，绘制如图 7-63 所示的直线和圆弧。

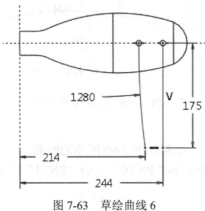

图 7-63　草绘曲线 6

13. 绘制草绘曲线 7

以"FRONT"基准面作为草绘平面，绘制如图 7-64 所示的曲线。

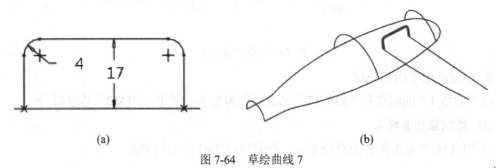

(a)   (b)

图 7-64　草绘曲线 7

14. 创建基准面 DTM3

以"FRONT"基准面和"曲线 6"的端点作为参考，创建基准面"DTM3"，如图 7-65 所示。

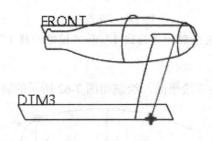

图 7-65　基准面 DTM3

15. 绘制草绘曲线 8

以"DTM3"基准面作为草绘平面，绘制如图 7-66 所示的曲线。

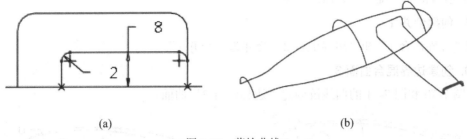

(a)　　　　　　　　　　　　　　　(b)

图 7-66　草绘曲线 8

16. 创建边界混合曲面 1

(1) 单击【模型】→【边界混合】，弹出【边界混合】选项卡。

(2) 按住 "Ctrl" 键的同时依次选取图 7-67 所示的三条曲线为第一方向曲线链。

(3) 按住 "Ctrl" 键的同时依次选取图 7-68 所示的两条曲线为第二方向曲线链。

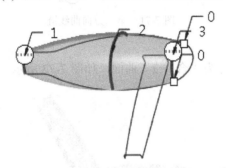　　　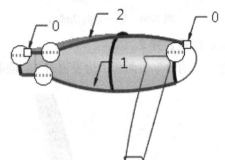

图 7-67　第一方向曲线链　　　　　　　　　图 7-68　第二方向曲线链

(4) 单击鼠标中键，边界曲面生成。

17. 创建边界混合曲面 2

(1) 单击【模型】→【边界混合】，弹出【边界混合】选项卡。

(2) 按住 "Ctrl" 键的同时依次选取图 7-69 所示的两条曲线为第一方向曲线链。

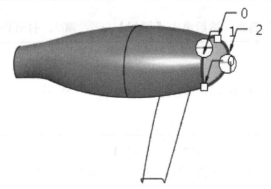

图 7-69　第一方向曲线链

(3) 设置约束类型。单击选项卡中的【约束】选项，在该界面的【边界】列表区域中将方向 1 的第一条链的条件设为 "相切"，参考曲面为 "边界曲面 1"；在【边界】列表区域中将方向 2 的最后一条链的条件设为 "垂直"，参考曲面为默认的 "TOP" 基准面。

(4) 单击鼠标中键，边界曲面生成。

18. 创建合并 1

把"边界混合 1"和"边界混合 2"合并为"合并 1"。

19. 创建边界混合曲面 3

以图 7-70 和图 7-71 的曲线链创建"边界混合 3"曲面。

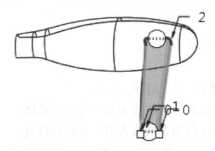

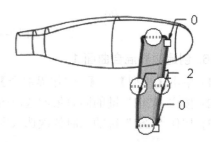

图 7-70　第一方向曲线链　　　　　图 7-71　第二方向曲线链

20. 创建合并 2

把"合并 1"曲面和"边界混合 3"曲面合并为"合并 2"曲面，如图 7-72 所示。

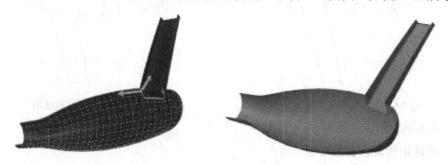

图 7-72　"合并 2"曲面

21. 创建"偏移 1"

(1) 选中"合并 2"曲面，然后单击【模型】→ 偏移，打开图 7-73 所示的选项卡。

图 7-73　【偏移】选项卡

(2) 单击【参考】选项卡，然后单击 定义... 按钮，进入草绘界面。

(3) 草绘图 7-74 所示的截面。

(4) 在【偏移】选项卡的"偏移值"编辑框中输入值"3"，在"拔模角度"编辑框中输入"15"。

(5) 单击鼠标中键，特征生成，如图 7-75 所示。

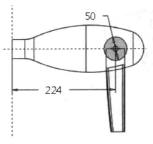

图 7-74 偏移截面   图 7-75 曲面偏移

22. 创建填充曲面

(1) 单击【模型】→ ▨ 填充，打开图 7-76 所示的选项卡。

图 7-76 【填充】选项卡

(2) 在图形窗口中单击"DTM3"基准面，进入草绘界面，绘制图 7-77 所示的截面，单击鼠标中键，返回【填充】选项卡。

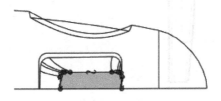

图 7-77 填充剖面

(3) 单击鼠标中键，特征生成。

23. 合并曲面

把"合并 2"曲面和"填充 1"曲面合并为"合并 3"曲面。

24. 倒圆角

选取图 7-78、图 7-79 和图 7-80 所示的边倒圆角。

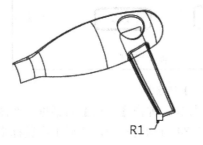

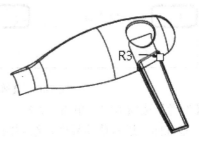

图 7-78 倒圆角 R1   图 7-79 倒圆角 R3

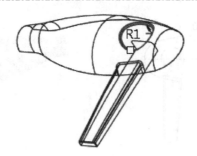

图 7-80　倒圆角 R1

25. 加厚

(1) 选中"合并3"曲面，单击【模型】→【▢加厚】。

(2) 在【加厚】选项卡的"加厚偏移值"编辑框中输入"0.5"。

(3) 单击鼠标中键，特征生成。

26. 创建拉伸(去除材料)特征

以"TOP"基准面作为草绘平面，草绘截面如图 7-81 所示，拉伸特征如图 7-82 所示。

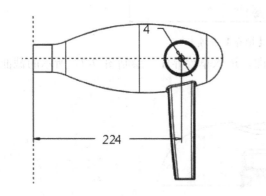

图 7-81　草绘截面

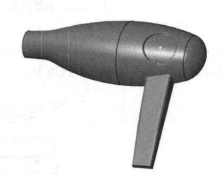

图 7-82　拉伸特征

27. 阵列

(1) 选中上一步所创建的特征。

(2) 单击【模型】→【⊞阵列】，弹出图 7-83 所示的【阵列】选项卡。

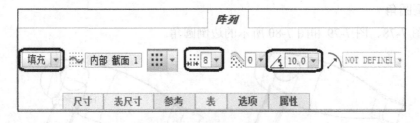

图 7-83　【阵列】选项卡

(3) 在【参考】选项卡中，单击 定义... 按钮，弹出【草绘】对话框，在图形窗口中单击"TOP"基准面，进入草绘界面，绘制图 7-84 所示的截面，然后单击鼠标中键，返回【阵列】选项卡。

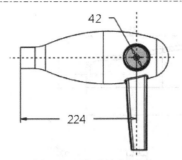

图 7-84 阵列填充剖面

(4) 在图 7-83 所示的【阵列】选项卡中，分别输入值 "8" 和 "10"。

(5) 单击鼠标中键，阵列生成，如图 7-85 所示。

图 7-85 阵列特征

28. 拉伸特征

以 "DTM3" 作为草绘平面，草绘截面如图 7-86 所示，拉伸特征如图 7-87 所示。

图 7-86 拉伸截面

图 7-87 拉伸特征

29. 隐藏草绘及基准

按照前面介绍的方法隐藏草绘及基准。

30. 保存文件

按照前面介绍的方法保存文件。

7.5 习 题

1. 建立如图 7-88 所示的模型。

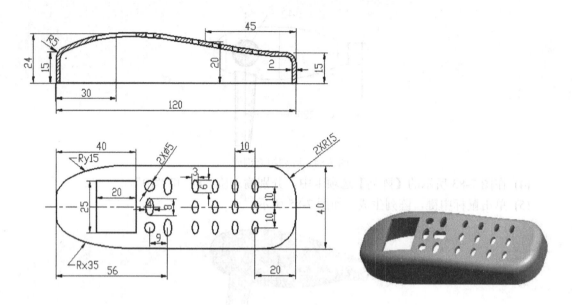

图 7-88 习题 1 附图

2. 建立如图 7-89 所示的模型。

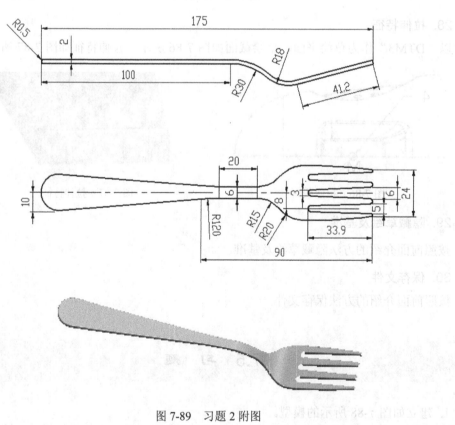

图 7-89 习题 2 附图

3. 建立如图 7-90 所示的模型。

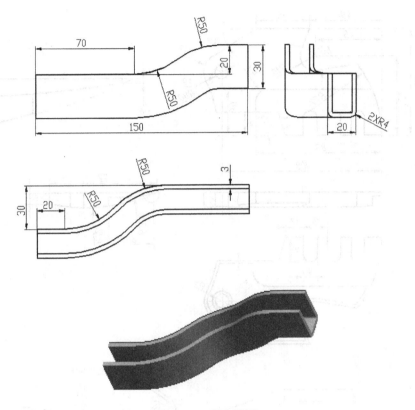

图 7-90 习题 3 附图

4. 建立如图 7-91 所示的模型。

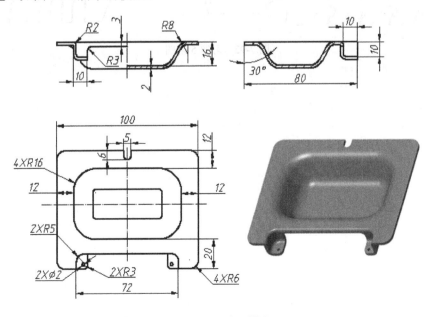

图 7-91 习题 4 附图

5. 建立如图 7-92 所示的模型。

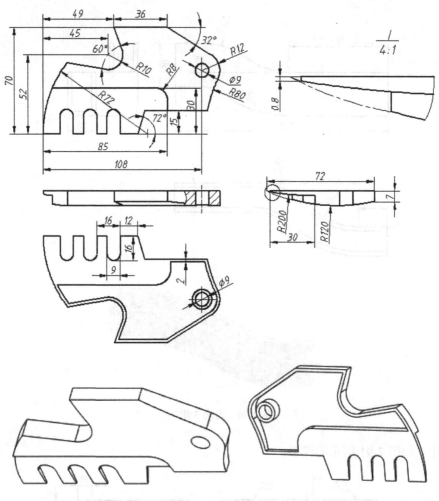

图 7-92　习题 5 附图

第 8 章 工 程 图

PTC Creo 可以根据 3D 模型创建工程图，从而将 3D 模型的尺寸、注释等信息直接传递到绘图页面的视图中。本章将详细介绍工程图的创建及编辑。

8.1 视图的创建

目前，虽然世界上各国都采用正投影原理表达机件结构，但具体的投影方法不同，如德国、俄国和中国采用第一角画法，而美国、日本等国家采用第三角画法，下面将以我国使用的第一角投影法为例介绍工程图的创建。我国在《技术制图与机械制图》标准中规定的视图通常包含有基本视图、向视图、局部视图和斜视图。PTC Creo 中有多种绘图视图，其中包括一般视图、投影视图、辅助视图、详细视图和旋转视图等。下面详细介绍视图的创建过程。

8.1.1 各种视图的创建

1. 绘图选项设置

(1) 打开绘图设置文件，修改其中的一些选项。按路径 "C:\Program Files\PTC\Creo 3.0\M070\Common Files\text" 找到文件 "cns_cn.dtl"，并打开。

(2) 修改选项。常用的参数设置如表 8-1 所示。

表 8-1 常用的参数设置

绘图参数选项	设置值	含 义
Text_height	3.000000	文本高度
Projection_type	FIRST_ANGLE	投影视角
Draw_arrow_length	3.000000	箭头的长度
Arrow_style	FILLED	箭头的类型
Show_total_unfold_seam	No	设置展开剖面视图中间转折部分是否显示为粗实线

修改相应选项后，保存文件。

(3) 单击【文件】→【选项】→【配置编辑器】。对选项 "drawing_setup_file" 按图 8-1 所示的路径设置，然后单击 导出配置(X)... 按钮，这样 "config.pro" 文件被修改并保存。最

后单击 确定 按钮，关闭 PTC Creo Parametric【选项】对话框。

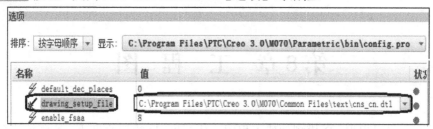

图 8-1　PTC Creo Parametric【选项】对话框

注意：也可以直接按路径"C:\Program Files\PTC\Creo 3.0\M070\Parametric\bin"找到文件"config.pro"并打开，添加或修改其中的选项"drawing_setup_file"选项为"C:\Program Files\PTC\Creo 3.0\M070\Common Files\text\cns_cn.dtl"。

2. 新建绘图文件

(1) 单击【文件】→【新建】，弹出【新建】对话框，在【类型】中选择【绘图】选项，在【名称】编辑框中输入文件名，并取消【使用默认模板】复选项，如图 8-2 所示，单击 确定 按钮，弹出【新建绘图】对话框，如图 8-3 所示。

图 8-2　【新建】对话框

图 8-3　【新建绘图】对话框

(2) 在【新建绘图】对话框中，单击【默认模型】选项中的 浏览... 按钮，按路径"D:\chapter_8\8.1\example\view_1.prt"打开模型文件；然后按图 8-3 设置其他选项，最后单击 确定(0) 按钮，此时在绘图窗口出现图纸页面。

注意：单击【布局】→【　绘图模型】，在弹出的"菜单管理器"中选择【添加模型】，也可添加绘图模型。

3. 创建常规视图

常规(一般)视图是一系列要放置的视图中的第一个视图，即主视图，通常用来表达零件的主要结构，可作为投影视图或其他由其导出视图的父项。其创建步骤如下：

(1) 单击【布局】→【　常规视图】，弹出【选择组合状图】对话框，单击 确定(0)

按钮。

(2) 单击图纸左上角，确定常规视图的中心点，弹出【绘图视图】对话框，【视图方向】
设置如图 8-4 所示，然后单击 确定 按钮，关闭对话框。常规视图如图 8-5 所示。

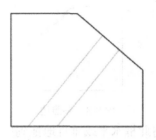

图 8-4　【绘图视图】对话框　　　　　　　　　　图 8-5　常规视图

4. 投影视图

投影视图是另一个视图几何沿水平或竖直方向的正交投影。投影视图放置在投影路径
中，位于父视图上方、下方或位于其右边或左边。常规视图创建后，就可以创建投影视图，
如俯视图、左视图、右视图、前视图、后视图和仰视图。以俯视图为例的创建步骤如下：

(1) 选中常规视图，按鼠标右键，在弹出的快捷菜单中选择【投影视图】，如图 8-6 所示。

(2) 在图纸窗口中单击确定俯视图的中心位置，投影视图如图 8-7 所示。

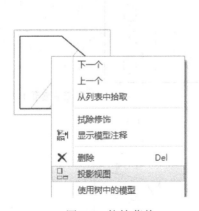
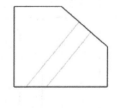
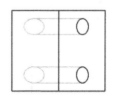

图 8-6　快捷菜单　　　　　　　　　　　图 8-7　投影视图

注意：也可以单击【布局】→【投影视图】。

5. 辅助视图

辅助视图是一种投影视图，以垂直角度向选定曲面或轴进行投影。父视图中所选定的平面，必须垂直于屏幕平面。辅助视图即国标中规定的向视图。

(1) 单击【布局】→【 ✧ 辅助视图】。

(2) 选取要创建辅助视图的边，如图 8-8 所示，则在投影平面的法线方向的上方出现一个框，代表辅助视图。

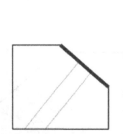 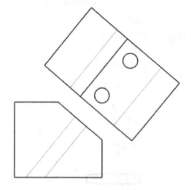

图 8-8　参照边　　　　　　　　　　　图 8-9　辅助视图

(3) 将此框水平或垂直地拖到所需的位置，单击放置视图，如图 8-9 所示。

6. 局部放大视图

详细视图即局部放大视图。局部放大视图是指在另一个视图中放大显示模型的其中一小部分视图。父视图中包括一个参考注解和边界，作为局部放大图设置的一部分。

(1) 单击【布局】→【 ▱ 详细视图】。

(2) 在图 8-7 的俯视图上单击要查看细节的中心点，如图 8-10(a)所示。

(3) 绕中心点草绘样条，单击鼠标中键，结束绘制，如图 8-10(b)所示。

(4) 在图纸窗口中单击确定要放置详细视图的位置，详细视图将显示样条范围内的父视图区域，并标注视图的名称和缩放比例，如图 8-10(c)所示。

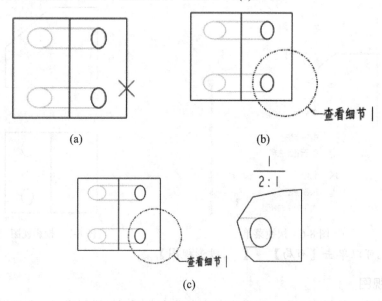

(a)　　　　　　　　　　　(b)

(c)

图 8-10　详细视图

8.1.2　视图的可见区域

绘图视图在默认的情况下是全视图，但当细化模型时，要突出显示模型的某些部分，就可定义视图的可见区域以确定要显示或隐藏哪一部分。

1. 全视图

绘图视图在默认的情况下是全视图。

按路径"D:\chapter_8\8.1\example"打开模型文件"view_2.prt"，创建常规视图，如图8-11 所示。

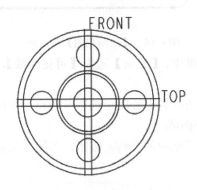

图 8-11　全视图(常规视图)

2. 半视图

(1) 双击图 8-11 所示的全视图(或选取视图，单击鼠标右键，然后单击快捷菜单上的【属性】)，弹出【绘图视图】对话框，如图 8-12 所示。

(2) 在【绘图视图】对话框中，【类别】选为【可见区域】，【视图可见性】选为【半视图】。

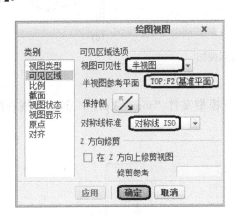

图 8-12　【可见区域】选项

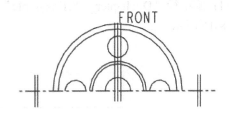

图 8-13　半视图

(3) 单击"TOP 基准面"作为参考面，箭头表示保留侧。

(4) 【对称线标准】选为【对称线 ISO】。

(5) 单击【绘图视图】对话框的　确定　按钮，关闭对话框，则半视图如图 8-13 所示。

3. 局部视图

(1) 双击图 8-11 所示的常规视图(或选取视图，然后单击鼠标右键，从弹出的快捷菜单中单击【属性】)，弹出【绘图视图】对话框，如图 8-14 所示。

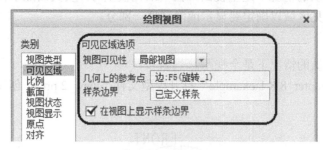

图 8-14   【绘图视图】对话框

(2) 在【绘图视图】对话框中，【类别】选为【可见区域】，【视图可见性】选为【局部视图】。

(3) 在局部视图中要保留的区域中心附近选取参考点，如图 8-15(a)所示，然后绕着参考点草绘样条曲线，如图 8-15(b)所示。

(4) 单击【绘图视图】对话框中的 确定 按钮，关闭对话框，则局部视图如图 8-15(c)所示。

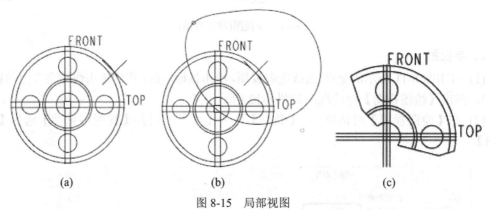

| (a) | (b) | (c) |

图 8-15   局部视图

4. 破断视图

(1) 按路径"D:\chapter_8\8.1\example"打开模型文件"view_3.prt"，创建常规视图，如图 8-16 所示。

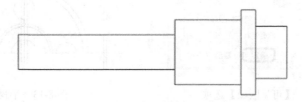

图 8-16   常规视图

(2) 双击图 8-16 的常规视图，弹出【绘图视图】对话框。

(3) 在【绘图视图】对话框中，【类别】选为【可见区域】，【视图可见性】选为【破断视图】，然后单击 **+** 按钮，如图 8-17 所示。

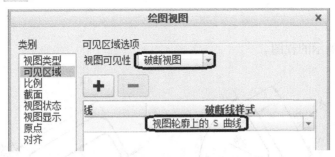

图 8-17 【绘图视图】对话框

(4) 绘制一条垂直的破断线。在视图上要破断的区域单击，然后向垂直的方向延伸，再单击一下，则定义了第一条垂直破断线，如图 8-19(a)所示。

(5) 在图 8-18(b)所示的位置单击创建第二条破断线。

(6) 在图 8-17 所示的【绘图视图】对话框中，"破断线样式"选为【视图轮廓上的 S 曲线】。

(7) 单击【绘图视图】对话框中的 **确定** 按钮，关闭对话框，则破断视图如图 8-19 所示。

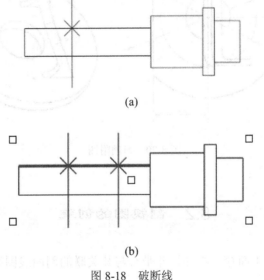

(a)

(b)

图 8-18 破断线

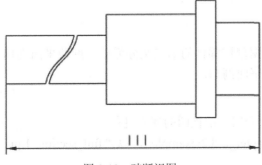

图 8-19 破断视图

8.1.3 习题

创建图 8-20 所示的视图。

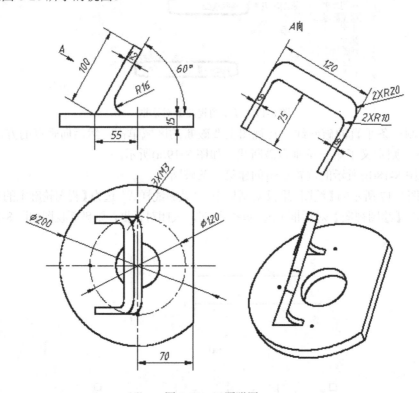

图 8-20 习题附图

8.2 剖视图的创建

剖视图用一个假想平面穿过零件，并带有与其关联的剖面线图案，分为全剖、半剖、局部剖和断面图。

8.2.1 全剖视图

对于全剖视图，根据剖切零件的形式又分为单一剖切平面剖切、几个平行的剖切平面剖切和几个相交的剖切平面剖切。

1. 单一剖切平面

下面以图 8-21 为例介绍全剖视图的建立过程。

(1) 按路径 "D:\chapter_8\8.2\example"，以 "full_section_1.prt" 为模型文件创建常规视图，如图 8-21 所示。

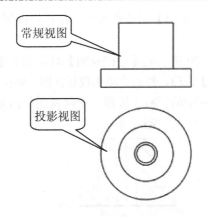

图 8-21　视图

(2) 双击图 8-21 中的常规视图，即出现【绘图视图】对话框，如图 8-22 所示，在【类别】栏中选择【截面】，然后选择【2D 横截面】，单击 **+** 按钮，弹出【横截面创建】菜单管理器。

图 8-22　【绘图视图】对话框

(3) 设置截面属性。在【横截面创建】菜单管理器中，按默认选项设置，单击【完成】，如图 8-23 所示。

(4) 命名横截面。在图 8-24 所示的编辑框中输入横截面的名称"A"，并按回车键确认。

图 8-23　【横截面创建】菜单管理器　　　　　图 8-24　横截面命名

(5) 选择剖切面。弹出【设置平面】菜单管理器，在投影视图中选取"FRONT"基准面作为剖切面。

(6) 设置剖切面属性。在图 8-20 所示的【绘图视图】对话框中【剖切区域】的下拉列表中选择【完整】；单击【箭头显示】选项，然后再单击投影视图，则在俯视图中显示剖切箭头。

(7) 单击【绘图视图】对话框中的 确定 按钮，全剖视图如图 8-25 所示。

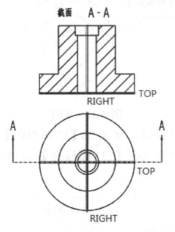

图 8-25　全剖视图(单一剖切平面)

2. 几个平行的剖切平面(阶梯剖)

下面以图 8-26 为例介绍阶梯剖的建立过程。

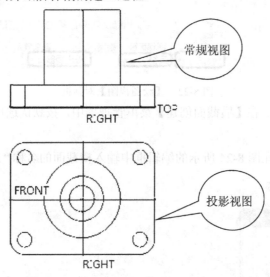

图 8-26　视图

(1) 按路径"D:\chapter_8\8.2\example"，以"full_section_2.prt"为模型文件，创建常规视图及投影视图，如图 8-26 所示。

(2) 双击图 8-26 中的常规视图，即出现【绘图视图】对话框，在【类别】栏中选择【截面】，然后选择【2D 横截面】，单击 ＋ 按钮，弹出【横截面创建】菜单管理器。

(3) 设置横截面属性。在【横截面创建】菜单管理器中，选择【偏移】→【双侧】→

【单一】→【完成】。

(4) 命名横截面。在【输入横截面名】编辑框中输入横截面的名称"A",并按回车键确认。

(5) 选取草绘平面。打开零件窗口,选取"TOP"基准面作为草绘平面;"方向"选择【确定】,"草绘视图"选择【默认】。

(6) 绘制剖切面。绘制图 8-27 所示的剖切面线,单击草绘器中的 ✔ 按钮,退出草绘窗口。

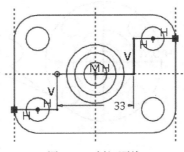

图 8-27　剖切面线

(7) 设置剖切面属性。在图 8-28 所示的【绘图视图】对话框中,在【剖切区域】的下拉列表中选择【完整】;单击【箭头显示】选项,再单击投影视图,则在投影视图中显示剖切箭头。

图 8-28　剖切面的属性设置

(8) 单击【绘图视图】对话框中的 确定 按钮,全剖视图如图 8-29 所示。

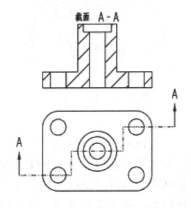

图 8-29　全剖视图(几个平行的剖切平面)

3. 几个相交的平面剖切(旋转剖)

下面以图 8-30 为例介绍旋转剖视图的建立过程。

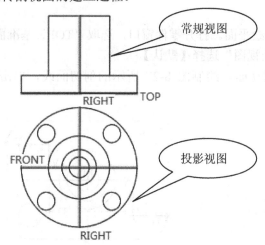

图 8-30　零件视图

(1) 按路径 "D:\chaper_8\example"，以 "full_aligned.prt" 为模型文件，创建常规视图及投影视图，如图 8-30 所示。

(2) 双击图中的投影视图，即出现【绘图视图】对话框，在【类别】栏中选择【截面】，然后选择【2D 横截面】，点击 ➕ 按钮，弹出【横截面创建】菜单管理器。

(3) 设置横截面属性。在【横截面创建】菜单管理器中，选择【偏移】→【双侧】→【单一】→【完成】。

(4) 命名剖面。在【输入横截面名】编辑框中输入名称 "A"，并按回车键确认。

(5) 选取草绘平面。打开零件窗口，按信息区提示选取 "圆柱上表面" 作为草绘平面；在菜单管理器中，草绘平面 "方向" 选择【确认】，"草绘视图" 选择【默认】。

(6) 绘制剖切面。绘制图 8-31 所示的剖切面线，然后单击草绘器中的 ✔ 按钮，退出草绘窗口。

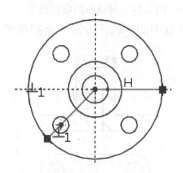

图 8-31　剖切面线

(7) 设置剖切面属性。在图 8-32 所示的【绘图视图】对话框中【剖切区域】的下拉列表中选择【全部(对齐)】；按信息区提示选择 "圆柱的轴" 作为参考，如图 8-33 所示；单击【箭头显示】选项，再单击常规视图，则在常规视图中显示剖切箭头。

图 8-32 剖切属性设置

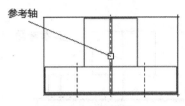

图 8-33 参考轴

(8) 单击【绘图视图】对话框中的 **确定** 按钮，旋转剖视图如图 8-34 所示。

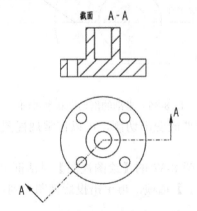

图 8-34 旋转剖视图(几个相交平面剖切)

8.2.2 半剖视图

下面以图 8-35 所示视图为例介绍半剖视图的建立过程。

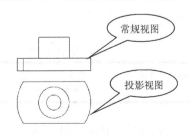

图 8-35 视图

(1) 按路径"D:\chapter_8\8.2\example"，以"half_section.prt"为模型文件，创建普通视图及投影视图，如图 8-35 所示。

(2) 双击图 8-35 中的常规视图，即出现【绘图视图】对话框，在【类别】栏中选择【截面】，然后选择【2D 横截面】，点击 ➕ 按钮，弹出【横截面创建】菜单管理器。

(3) 设置横截面属性。在【横截面创建】菜单管理器中，选择【平面】→【单一】→【完成】。

(4) 命名剖面。在【输入横截面名】编辑框中输入名称"A"，并按回车键确认。

(5) 选择剖切面和参考面。弹出【设置平面】菜单管理器，在投影视图中选取"FRONT"基准面作为剖切面，在常规视图中选取"RIGHT"基准面作为参考面，如图 8-36 所示。

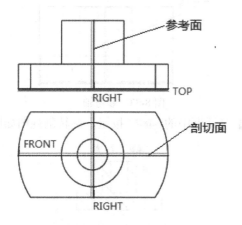

图 8-36 半剖的剖切面和参考面

(6) 剖切侧的调整。如果要改变剖切侧，可以在常规视图"RIGHT"基准面的左侧单击，则箭头朝左。

(7) 设置剖切面属性。在图 8-37 的【绘图视图】对话框中【剖切区域】的下拉列表中选择【半倍】；单击【箭头显示】选项，再单击投影视图，则在投影视图中显示剖切箭头，如图 8-38 所示。

图 8-37 剖切面的属性设置

(8) 单击【绘图视图】对话框中的 确定 按钮，半剖视图如图 8-38 所示。

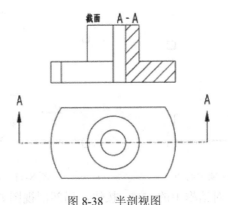

图 8-38 半剖视图

8.2.3 局部剖视图

下面以图 8-39 所示视图为例介绍局部剖视图的建立过程。

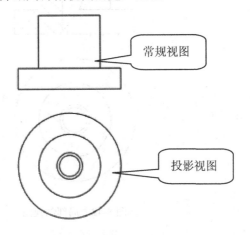

图 8-39 视图

(1) 按路径"D:\chapter_8\8.2\example",以"local_section.prt"为模型文件,创建常规视图及投影视图,如图 8-39 所示。

(2) 双击图 8-39 中的常规视图,即出现【绘图视图】对话框,在【类别】栏中选择【截面】,然后选择【2D 横截面】,点击 ✚ 按钮,弹出【横截面创建】菜单管理器。

(3) 设置横截面属性。在【横截面创建】菜单管理器中,选择【平面】→【单一】→【完成】。

(4) 命名横截面。在【输入横截面名】编辑框中输入名称"A",并按回车确认。

(5) 选择剖切面。弹出【设置平面】菜单管理器,在投影视图中选取"FRONT"基准面作为剖分面。

(6) 选择剖切区域类型。在【绘图视图】对话框中【剖切区域】的下拉列表中选择【局部】。

(7) 绘制剖切区域。如图 8-40 所示单击剖切区域中心点,然后草绘剖切区域,如图 8-41 所示。

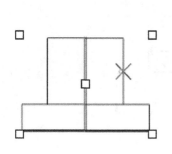

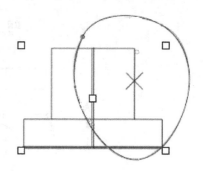

图 8-40　剖切区域中心点　　　　　　　　　　图 8-41　剖切区域

(8) 单击【绘图视图】对话框中的 确定 按钮，局部剖视图如图 8-42 所示。

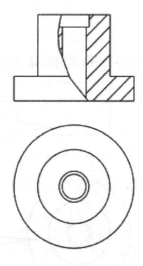

图 8-42　局部剖视图

8.2.4　旋转视图

旋转视图即国标规定的断面图。旋转视图是现有视图的一个剖面，它绕切割平面投影旋转 90°。可将在 3D 模型中创建的剖面用作切割平面，或者在放置视图时创建一个剖面。下面以图 8-43 所示的轴零件为例，介绍旋转视图的建立过程。

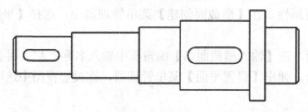

图 8-43　视图

(1) 按路径 "D:\chapter_8\8.2\example"，以 "rotate_section.prt" 为模型文件，创建常规视图，如图 8-44 所示。

(2) 在零件窗口创建一个通过剖切位置的基准面 "DTM3"，如图 8-44 所示。

(3) 单击【布局】→【🔳 旋转视图】。

(4) 选取父视图。选取窗口中图 8-43 所示的图作为父视图。

(5) 选取旋转视图的中心点。在视图下方任意位置单击作为旋转视图的放置中心点。

(6) 打开【绘图视图】对话框，按图 8-45 进行设置，同时弹出【横截面创建】菜单管理器，选择【平面】→【单一】→【完成】。

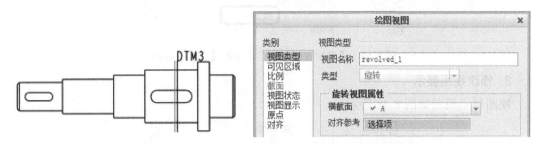

图 8-44　创建剖切基准面　　　　　　　　　图 8-45　【绘图视图】对话框

(7) 在【输入横截面名】编辑框中输入名称"A"，并按回车键确认。

(8) 单击选择"DTM3"基准面，则会在绘图窗口中显示旋转视图。

(9) 单击【绘图视图】对话框中的 确定 按钮，旋转视图如图 8-46 所示。

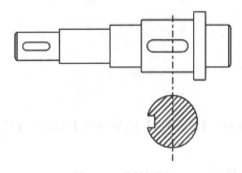

图 8-46　旋转视图

8.3　视图的编辑

在绘图页面中，添加视图后，用户可以对视图进行编辑，如调整视图的比例、视图状态及显示等。

8.3.1　视图属性的编辑

双击绘图视图(或选中视图，单击鼠标右键，从弹出的快捷菜单中选择【属性】)，则弹出【绘图视图】对话框，选择所需属性进行编辑。

1. 确定视图的可见区域

可参考前面已介绍的内容。

2. 修改视图的比例

视图比例设置如图 8-47 所示。

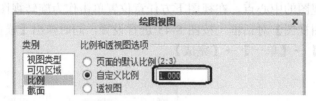

图 8-47   【绘图视图】对话框中的【比例】选项

3. 修改视图显示

视图显示设置如图 8-48 所示。

图 8-48   【绘图视图】对话框中的【视图显示】选项

4. 对齐

视图对齐设置如图 8-49 所示。

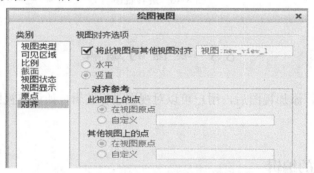

图 8-49   【绘图视图】对话框中的【对齐】选项

8.3.2 视图的移动与删除

1. 绘图视图的删除

选取要删除的视图，该视图加亮显示，单击鼠标右键，从快捷菜单中单击【删除】，或直接按键盘上的"Delete"键，此视图被删除。

注意：如果选取的视图具有投影子视图，则投影子视图会与该视图一起被删除。

2. 绘图视图的移动

选取要移动的视图，视图加亮显示，单击鼠标右键，从快捷菜单中单击取消【锁定移动视图】的选取，则可以选取并拖动视图来移动。

注意：也可以通过单击【布局】→【🔲锁定移动视图】来实现。

8.3.3　剖面线的编辑

双击剖面线，弹出【修改剖面线】菜单管理器，如图 8-50 所示。

图 8-50　【修改剖面线】菜单管理器

1. 修改剖面线间距

在【修改剖面线】菜单管理器中，单击【间距】→【一半】(或【加倍】或【值】)。

2. 修改剖面线角度

在【修改剖面线】菜单管理器中，单击【角度】。

3. 修改剖面线类型

在【修改剖面线】菜单管理器中，单击【检索】，弹出【打开】对话框，选择打开所需剖面线类型的文件，然后单击【完成】按钮。

8.4　尺寸的显示与编辑

视图创建和编辑完成后，就要对尺寸进行显示和编辑。

8.4.1　尺寸的创建

用户可选择要在特定视图上显示的模型信息，即显示和拭除。

(1) 按路径"D:\chapter_8\8.4"，打开"full_section_2.drw"文件。

(2) 单击【注释】→【🖼 显示模型注释】，弹出【显示模型注释】对话框，然后选择视图(或先选中常规视图，单击鼠标右键，从弹出的快捷菜单中选择【显示模型注释】，如图8-51所示)。

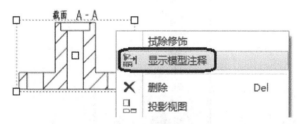

图 8-51　视图快捷菜单

(3) 在【显示模型注释】对话框中，单击 🔲 按钮，然后单击 应用(A) 按钮，如图8-52所示。

图 8-52　【显示模型注释】对话框

(4) 单击俯视图，再单击 🔲 按钮，然后单击 确定 按钮，尺寸标注如图8-53所示。

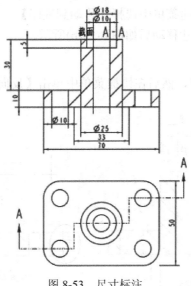

图 8-53 尺寸标注

8.4.2 尺寸的编辑

1. 尺寸位置的移动

(1) 选取要移动的尺寸, 光标变为四角箭头形状。

(2) 将尺寸拖动到所需位置。

2. 在视图间移动尺寸

(1) 选取常规视图中要移动的尺寸 "70", 如图 8-54(a)所示。

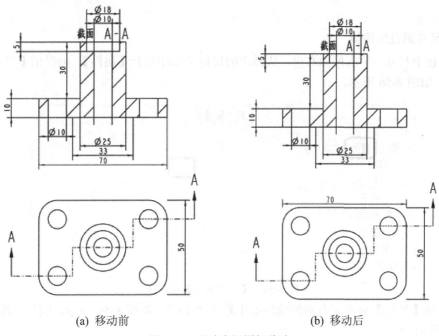

(a) 移动前   (b) 移动后

图 8-54 尺寸在视图间移动

(2) 单击鼠标右键，从快捷菜单中选择【移动到视图】。

(3) 单击选择俯视图。尺寸移动后如图 8-54(b)所示。

3．更改尺寸箭头方向

选取尺寸并单击鼠标右键，然后在快捷菜单中单击【反向箭头】，如图 8-55 所示。

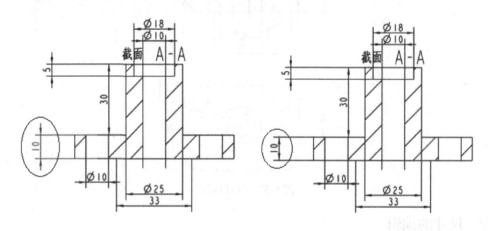

图 8-55　直径标注形式

4．拭除尺寸

拭除尺寸只是使尺寸从视图中消失，但不会将其从模型中删除。拭除的尺寸可以通过显示尺寸重新出现在视图中。

(1) 选取要从绘图中拭除的尺寸。

(2) 单击鼠标右键并从快捷菜单中选取【拭除】，然后在窗口的任意位置单击，则尺寸被拭除。

5．尺寸属性的编辑

(1) 选中尺寸，单击鼠标右键，从弹出的快捷菜单中选择【属性】，则弹出【尺寸属性】对话框，如图 8-56 所示。

图 8-56　【尺寸属性】对话框

(2) 在【显示】选项卡右侧的编辑框中输入"4×"，如图 8-56 所示，则尺寸编辑后如图 8-57 所示。

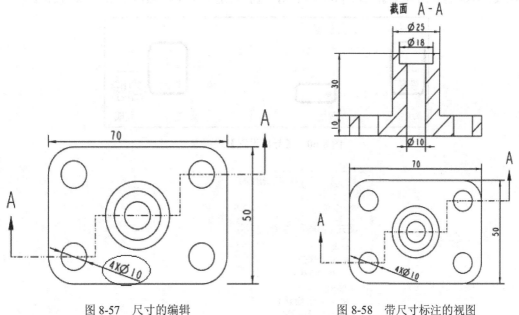

图 8-57　尺寸的编辑　　　　　　　　图 8-58　带尺寸标注的视图

6. 调整后的尺寸标注

尺寸标注全部调整好后如图 8-58 所示。

7. 导出 dwg 文件

绘图文件可以导出或另存为 ".dwg" 文件，然后在 AutoCAD 环境下打开做进一步的修改，具体方法如下：

(1) 单击【文件】→【另存为】→【导出】，如图 8-59 所示，弹出【导出设置】选项卡。

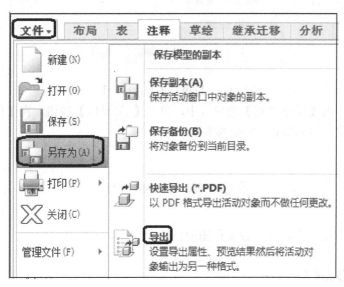

图 8-59　【文件】菜单

(2) 在图 8-60 所示的【导出设置】选项卡中，选择【DWG】，单击【 设置】按钮，弹出【DWG 的导出环境】，如图 8-61 所示，选择合适的版本，然后单击 **确定** 按钮。

图 8-60   【导出设置】选项卡

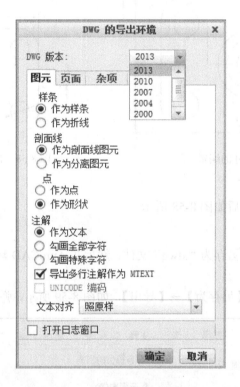

图 8-61   【DWG 的导出环境】

(3) 在图 8-60 的【导出设置】选项卡中，单击【📤导出】按钮，在【保存副本】对话框中，输入文件名，最后单击 **确定** 按钮。

8.5 综 合 实 例

通过本实例介绍，读者可掌握工程图的创建和标注。

8.5.1 工程图实例 1

图 8-62 所示的工程图采用第一视角，其中包括主视图、俯视图和左视图，其中主视图采用半剖，左视图采用全剖。

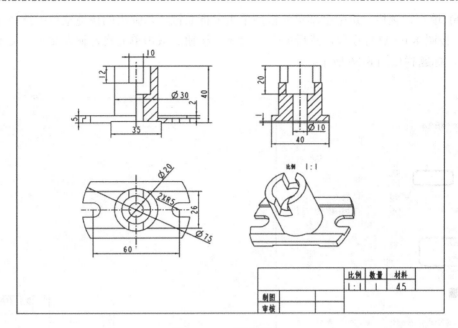

图 8-62　工程图范例 1

1. 建立工作目录

把工作目录设为 "D:\chapter_8\8.5"。

2. 创建工程图模板

(1) 新建文件。在工具栏中单击【□新建】按钮，弹出【新建】对话框，在【类型】中选择【格式】选项，在【名称】编辑框中输入 "A4"，单击 **确定** 按钮。

(2) 在弹出的【新格式】对话框中，【指定模板】栏中选择【格式为空】，【大小】选项为 "A4"。

(3) 单击【表】→【▦ 表】，创建 4 行 7 列的表。

(4) 修改表的宽度和高度。表各行的高度为 8，从左往右宽度分别为 15、25、20、15、15、20 和 20。选中要编辑的表格，单击鼠标右键，从弹出的快捷菜单中选择【高度和宽度】。将表修改完后，把表拖动到图纸的右下角，如图 8-63 所示。

(5) 合并单元格。按住 "Ctrl" 键的同时依次选中要合并的单元格，然后单击【表】→【▦ 合并单元格】，则表中单元格合并后如图 8-64 所示。

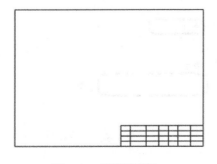

图 8-63　标题栏表格

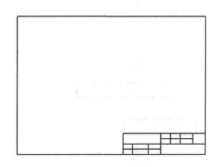

图 8-64　单元格合并后的表格

(6) 填写标题栏。选中全部单元格，单击鼠标右键，从弹出的快捷菜单中选择【文本样式】，按图 8-65 进行设置，然后单击 **确定(O)** 按钮。双击单元格，输入文本。文本输入完成后，标题栏如图 8-66 所示。

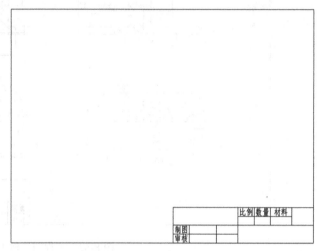

图 8-65　【文本样式】对话框   图 8-66　A4 图纸模板

(7) 保存文件"A4.frm"。

3. 新建绘图文件

(1) 单击【文件】→【新建】，弹出【新建】对话框，如图 8-67 所示进行设置。

(2) 在图 8-68 所示的【新建绘图】对话框中，单击【默认模型】栏中 **浏览...** 按钮，按路径"D:\chapter_6\8.5\example_drawing_1.prt"打开零件文件；在【指定模板】栏中选择【格式为空】，然后在【格式】栏中单击 **浏览...** 按钮，按路径"D:\chapter_8\8.5\A4.frm"打开文件。最后单击【新建绘图】对话框中的 **确定(O)** 按钮，此时在绘图窗口中出现自定义的图纸格式。

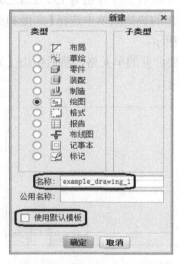

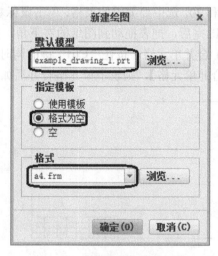

图 8-67　【新建】对话框   图 8-68　【新建绘图】对话框

4. 创建主视图

单击【布局】→【🔲常规视图】，创建常规视图(即主视图)，如图 8-69 所示。

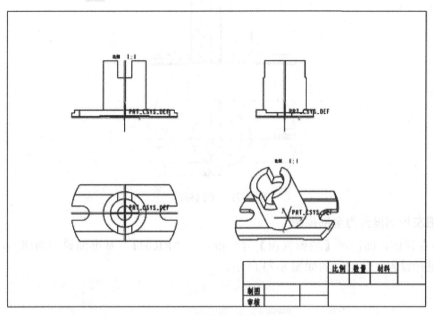

图 8-69　视图

5. 创建投影视图

(1) 创建左视图。选中主视图，单击鼠标右键，从弹出的快捷菜单中选择【投影视图】，创建左视图，如图 8-69 所示。

(2) 创建俯视图。选中主视图，单击鼠标右键，从弹出的快捷菜单中选择【投影视图】，创建俯视图，如图 8-69 所示。

6. 创建三维视图

单击【布局】→【🔲常规视图】，弹出【绘图视图】对话框，【模型视图名】选择【标准方向】，创建后如图 8-69 所示。

7. 把主视图设置为半剖视图

双击主视图，即出现【绘图视图】对话框，将"FRONT"基准面设为剖切面，"RIGHT"基准面设为参考面，其余按图 8-70 进行设置。半剖视图如图 8-71 所示。

图 8-70　【绘图视图】对话框的半剖设置

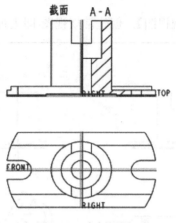

图 8-71　半剖视图

8. 把左视图设置为全剖视图

双击左视图，即出现【绘图视图】对话框，将"RIGHT"基准面设为剖切面，其余按图 8-72 进行设置，全剖视图如图 8-73 所示。

图 8-72　【绘图视图】对话框的全剖设置

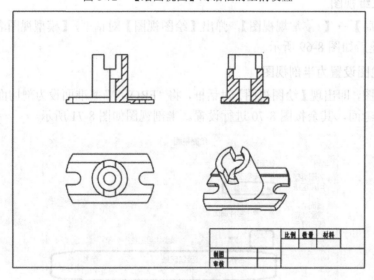

图 8-73　零件三视图

9. 关闭基准面

单击【视图】→ 🔲 按钮，关闭基准面显示，则视图如图 8-73 所示。

10. 显示轴线

选中视图，单击鼠标右键，从弹出的快捷菜单中选择【显示模型注释】，弹出【显示模型注释】对话框，单击 🔲 按钮，则视图显示出轴线，如图 8-74 所示。

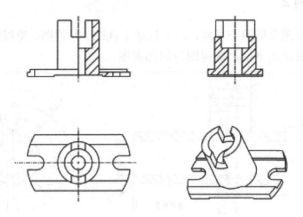

图 8-74　带轴线的视图

11. 标注尺寸

(1) 显示尺寸。选中视图，单击鼠标右键，从弹出的快捷菜单中选择【显示模型注释】，弹出【显示模型注释】对话框，单击 🔲 按钮，则视图显示出尺寸，如图 8-75 所示。

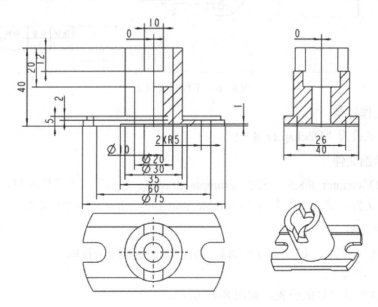

图 8-75　带尺寸视图

(2) 调整尺寸。调整后的尺寸如图 8-62 所示。

12. 填写标题栏

选中标题栏的表格，然后双击，输入文本，如图 8-62 所示。

13. 导出 dwg 文件

文件导出为".dwg"格式后，一些不符合国标的地方可以在 AutoCAD 环境下修改。

14. 保存文件

按照前面介绍的方法保存文件。

8.5.2 工程图实例 2

图 8-76 所示工程图采用第一视角，其中包括主视图、左视图、俯视图和局部放大图(详细视图)，其中主视图采用全剖，俯视图为局部视图。

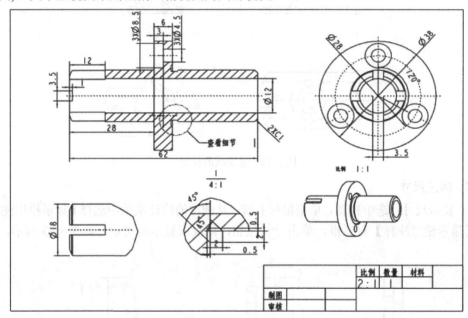

图 8-76   工程图实例 2

1. 建立工作目录

把工作目录设为"D:\chapter_8\8.5"。

2. 新建绘图文件

把路径"D:\chapter_8\8.5"下的"example_drawing_2.prt"作为零件模型，把"A4.frm"作为图纸格式文件，建立文件名为"example_drawing_2.drw"的绘图文件。

3. 创建主视图

(1) 单击【布局】→【⬚常规视图】，创建常规视图(即主视图)。

(2) 设置比例为 2。

(3) 移动视图到合适的位置，如图 8-77 所示。

4. 创建投影视图

(1) 创建左视图。选中主视图，单击鼠标右键，从弹出的快捷菜单中选择【投影视图】，从而创建左视图，如图 8-77 所示。

(2) 创建俯视图。选中主视图，单击鼠标右键，从弹出的快捷菜单中选择【投影视图】，从而创建俯视图，如图 8-77 所示。

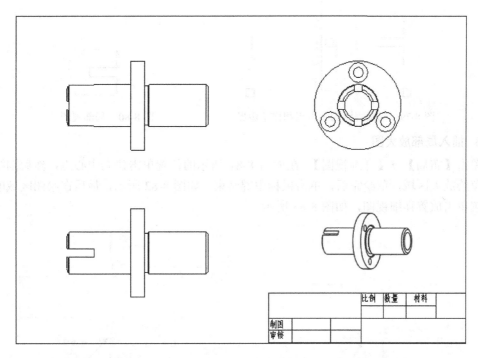

图 8-77 绘图视图

5. 创建三维视图

单击【布局】→【 🖾 常规视图】，创建三维视图(模型视图名为"标准方向")，比例为"1"，如图 8-77 所示。

6. 把主视图设置为全剖视图

(1) 将主视图设置为全剖，剖切面为"FRONT"基准面。

注意：在选择平面或基准平面时，要把基准面显示开关按钮 🗗 打开。

(2) 修改剖面线的间距。用鼠标双击剖面线，弹出【修改剖面线】菜单管理器，修改剖面线间距，间距减半，如图 8-78 所示。

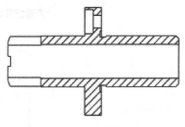

图 8-78 全剖视图

7. 把俯视图设置为局部视图

双击俯视图，弹出【绘图视图】对话框，在【类别】栏中选择【可见区域】，在【视图可见性】选项中选择【局部视图】，如图 8-79 所示。按信息区提示在俯视图的一条边上点击作为参考点，然后在俯视图上草绘局部视图边界，局部视图如图 8-80 所示。

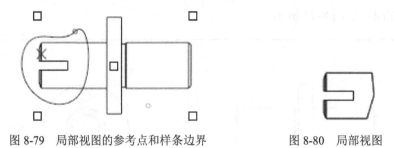

图 8-79　局部视图的参考点和样条边界　　　　　图 8-80　局部视图

8. 插入局部放大图

单击【布局】→【详细视图】，在如图 8-81 所示的位置单击建立中心点，然后围绕参考点草绘放大区域，草绘完后，单击鼠标中键结束，如图 8-82 所示，最后在绘图区域的合适位置单击放置详细视图，如图 8-83 所示。

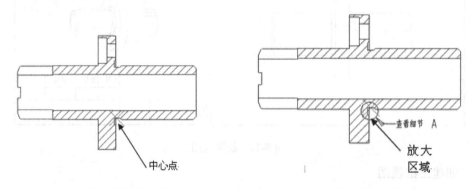

图 8-81　详细视图的中心点　　　　　图 8-82　详细视图的放大区域

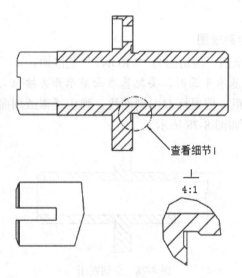

图 8-83　详细视图

9. 显示中心线

选中视图，单击鼠标右键，从弹出的快捷菜单中选择【显示模型注释】，弹出【显示模型注释】对话框，单击 ▣ 按钮，则视图显示出轴线，然后延长至合适长度。

10. 尺寸标注

(1) 显示尺寸。选中视图，单击鼠标右键，从弹出的快捷菜单中选择【显示模型注释】，弹出【显示模型注释】对话框，单击 ↦ 按钮，则视图显示出尺寸，但尺寸杂乱无章，需要进一步调整修改，如图 8-84 所示。

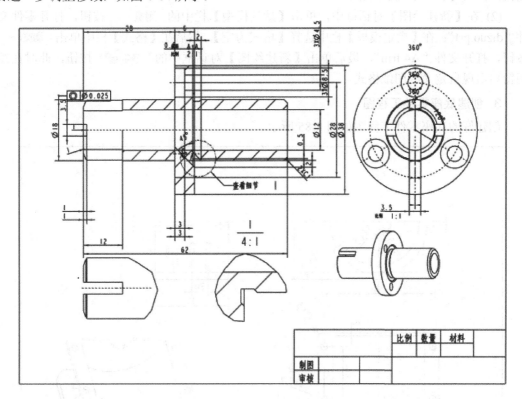

图 8-84 带尺寸的视图

(2) 调整尺寸。调整后的尺寸如图 8-76 所示。

11. 填写标题栏

选中标题栏的表格，然后双击，输入文本，如图 8-76 所示。

12. 导出 dwg 文件

文件导出为 ".dwg" 格式后，一些不符合国标的地方可以在 AutoCAD 环境下修改。

13. 保存文件

按照前面介绍的方法保存文件。

8.6 组件视图的创建

1. 建立工作目录

把工作目录设为 "D:\chapter_8\8.6"。

2. 新建绘图文件

(1) 单击【文件】→【新建】，弹出【新建】对话框，在【类型】中选择【绘图】选项，在【名称】编辑框中输入"asm_drawing"，并取消【使用缺省模板】复选项，然后单击 确定 按钮，弹出【新建绘图】对话框。

(2) 在【新建绘图】对话框中，单击【默认模型】栏中的 浏览... 按钮，打开零件文件"dizuo.prt"；在【指定模板】栏中选择【格式为空】，然后在【格式】栏中单击 浏览... 按钮，打开文件"A4.frm"，最后单击【新建绘图】对话框中的 确定(0) 按钮，此时在绘图窗口出现自定义的图纸格式。

3. 创建底座零件工程图

创建好的底座零件工程图如图 8-85 所示。

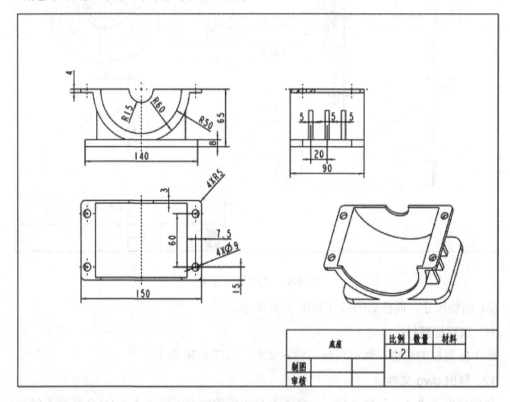

图 8-85　底座工程图

4. 创建第二图页

单击【布局】→【🗋 新页面】，则添加"图页 2"。

5. 为第二图页添加模型

在新页面的空白处单击鼠标右键，从弹出的快捷菜单中选择【绘图模型】，然后在弹出的【绘图模型】菜单管理器的【添加模型】中，选取并打开文件"shanye.prt"。

6. 创建扇叶工程图

创建好的扇叶工程图如图 8-86 所示。

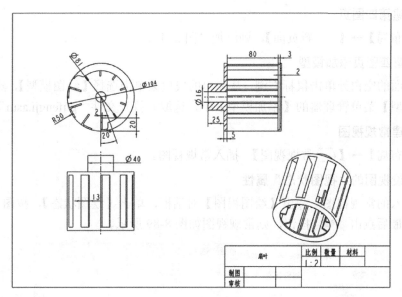

图 8-86　扇叶工程图

7. 创建第三图页

单击【布局】→【 🗋 新页面】，则添加"图页 3"。

8. 为第三图页添加模型

在新页面的空白处单击鼠标右键，从弹出的快捷菜单中选择【绘图模型】，然后在弹出的【绘图模型】菜单管理器的【添加模型】中，选取并打开文件"shangzhao.prt"。

9. 创建上罩工程图

创建好的上罩工程图如图 8-87 所示。

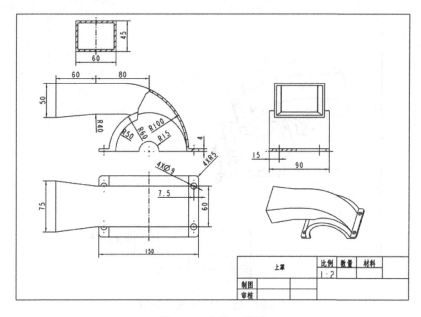

图 8-87　上罩工程图

10. 创建第四图页

单击【布局】→【 📄 新页面】，则添加"图页 4"。

11. 为第四图页添加模型

在新页面的空白处单击鼠标右键，从弹出的快捷菜单中选择【绘图模型】，然后在弹出的【绘图模型】菜单管理器的【添加模型】中，选取并打开文件"gufengji.asm"。

12. 创建常规视图

单击【布局】→【 🖸 常规视图】，插入常规视图。

13. 重设视图的"视图状态"属性

双击插入的常规视图，弹出【绘图视图】对话框，单击【绘图状态】，按图 8-88 所示进行设置，最后点击 确定 按钮，则常规视图如图 8-89 所示。

图 8-88   【绘图视图】对话框

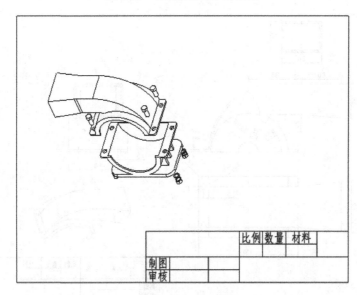

图 8-89   处于分解状态的视图

注意：如果没有事先设置组件分解状态，可以单击【自定义分解状态】进行设置。

14. 创建表

(1) 单击【表】→【▦表】，创建 2 行 5 列的表。

(2) 修改表的宽度和高度。表各行的高度为 8，从左往右宽度分别为 10、30、35、15 和 40。选中要编辑的表格，单击鼠标右键，从弹出的快捷菜单中选择【高度和宽度】。

15. 输入文本

(1) 单击【注释】，然后双击右下角单元格，打开【格式】选项卡，输入文本"序号"。

(2) 重复上述步骤，在表格中输入文本，如图 8-90 所示。

序号	名称	材料	数量	备注

图 8-90　表格文本

16. 定义重复区域

(1) 定义重复区域。选中表中空白的一行，单击鼠标右键，在弹出的快捷菜单选择【添加重复区域】。

(2) 单击【表】→【重复区域】，弹出【表域】菜单管理器，如图 8-91 所示，单击【属性】，然后单击刚才所创建的重复区域，弹出【区域属性】菜单，按图 8-92 所示进行设置，最后单击【完成】。

图 8-91　【表域】菜单管理器

图 8-92　【区域属性】菜单

17. 添加 BOM 参数

(1) 双击重复区域的左侧第一单元格，打开【报告符号】，单击【rpt】→【index】，则该单元格包含标题 rpt.index。

(2) 双击重复区域的左侧第二单元格，打开【报告符号】，单击【asm】→【mbr】→【name】，则该单元格包含标题 asm.mbr.name。

(3) 双击重复区域的左侧第四单元格，打开【报告符号】，单击【rpt】→【qty】，则该单元格包含标题 rpt.qty。

(4) 单击【表】→【更新表】，表格扩大，显示由参数定义的信息，调整表的位置，如图 8-93 所示。

1	DIANPIAN		4	
2	DIZUO		1	
3	LUOMU		4	
4	LUOSHUAN		4	
5	SHANGZHAO		1	
6	SHANYE		1	
序号	名称	材料	数量	备注
			比例	数量	材料	
	制图			
	审核			

图 8-93　BOM 参数表

18. 显示 BOM 球标

(1) 单击【表】→【⑤ 创建球标】→【创建球标-全部】，BOM 球标即被添加到该视图内，如图 8-94 所示。

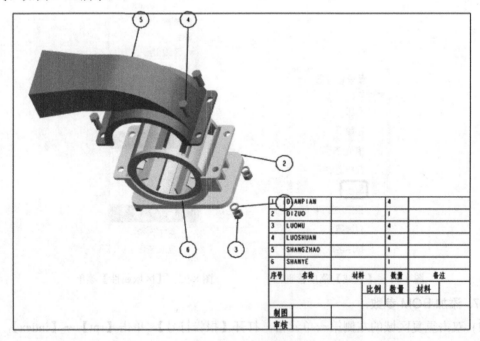

图 8-94　BOM 球标

(2) 选中球标，当鼠标变为"四角箭头"形状时，将球标拖动到合适位置，如图 8-95 所示。

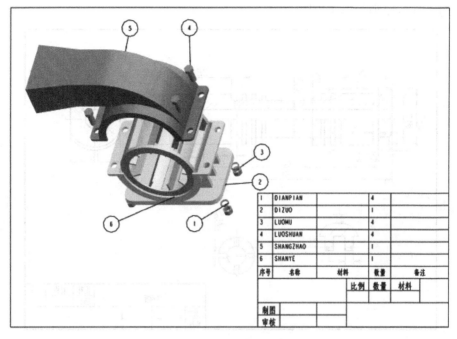

1	DIANPIAN		4	
2	DIZUO		1	
3	LUOMU		4	
4	LUOSHUAN		4	
5	SHANGZHAO		1	
6	SHANYE		1	
序号	名称	材料	数量	备注
		比例	数量	材料
制图				
审核				

图 8-95　带 BOM 球标的分解视图

8.7　习　　题

1. 创建图 8-96 所示的工程图。

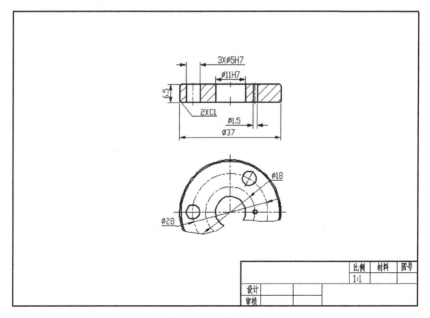

图 8-96　习题 1 附图

2. 创建图 8-97 所示的工程图。

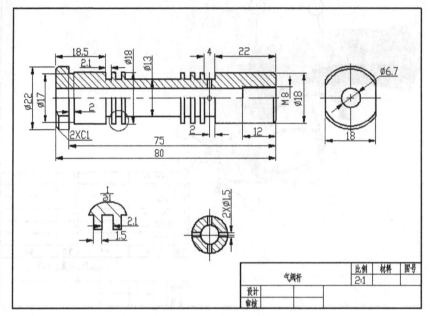

图 8-97 习题 2 附图

参 考 资 料

[1] 北京兆迪科技有限公司.Creo 2.0 快速入门教程. 北京: 机械工业出版社，2013.

[2] 管巧娟. 构形基础与机械制图. 北京: 机械工业出版社，2007.

[3] 王学平. UG NX 3D 建模练习与产品造型实例. 北京: 清华大学出版社，2010.

[4] 朱光力. UG NX 8.0 产品造型及注塑模具设计实例教程. 北京: 人民邮电出版社，2013.

参考文献

[1] ... Creo 2.0 ... 北京：清华大学出版社，2013.
[2] ... 北京：机械工业出版社，2002.
[3] ... UG NX 3D ... 北京：人民邮电出版社，2010.
[4] ... UG NX 8.0 ... 北京：人民邮电出版社，2013.